肉牛健康养殖一月通

宋恩亮　张风祥　主编

中国农业大学出版社
·北京·

图书在版编目(CIP)数据

肉牛健康养殖一月通/宋恩亮，张风祥主编. —北京：中国农业大学出版社，2014.5

ISBN 978-7-5655-0933-9

Ⅰ.①肉… Ⅱ.①宋… ②张… Ⅲ.①肉牛-饲养管理 Ⅳ.①S823.9

中国版本图书馆 CIP 数据核字(2014)第 061339 号

书　　名　肉牛健康养殖一月通

作　　者　宋恩亮　张风祥　主编

策划编辑	李卫峰　赵　中	**责任编辑**	韩元凤
封面设计	郑　川	**责任校对**	王晓凤　陈　莹
出版发行	中国农业大学出版社		
社　　址	北京市海淀区圆明园西路2号	**邮政编码**	100193
电　　话	发行部 010-62818525，8625		读者服务部 010-62732336
	编辑部 010-62732617，2618		出　版　部 010-62733440
网　　址	http://www.cau.edu.cn/caup	**e-mail**	cbsszs@cau.edu.cn
经　　销	新华书店		
印　　刷	北京时代华都印刷有限公司		
版　　次	2014年5月第1版　2014年5月第1次印刷		
规　　格	850×1 168　32开本　5.75印张　143千字		
定　　价	13.00元		

主　编　宋恩亮　张风祥

副主编　万发春　李秋梅

参　编　刘晓牧　谭秀文　刘桂芬　刘振山
李秋玲　吴公莹　徐　静　刘瑞菊
马洪英　盛英霞　王佃举　张　涛
高　翔　游　伟　成海建　孙建全

前　言

肉牛养殖是我国畜牧业中重点发展的产业之一。随着我国人民生活水平的提高及膳食结构的变化，全社会对牛肉的需求不断增长。肉牛健康高效养殖是根据国家对畜产品提出“高产、优质、安全、生态”的要求而提出来的，规模饲养正在成为我国肉牛养殖的重要方式，一大批肉牛生产龙头企业正在崛起。养牛小区的建设方兴未艾，实施肉牛集约化、规模化、标准化和高效健康养殖是肉牛业发展的方向和必然趋势，这既可提高养牛经济效益，又能满足人们对优质安全牛肉产品的需求。发展健康养殖需要较高的专业技术水平和管理规范，从肉牛场选址、环境控制、饲料加工和卫生要求到肉牛的饲养管理、疫病防治，甚至产品加工等全过程，均需要采用国家标准或有关行业标准。

肉牛作为草食家畜，可以利用作物秸秆，再通过健康技术有效解决肉牛养殖的粪污无害化处理、资源化利用，最终的关键还是促进农牧结合，促进农业生态良性循环和我国农牧业的持续发展。

编　者

2014 年 2 月

前言

[illegible]

目　录

第一章 肉牛健康养殖投资效益分析

导 读 肉牛场建设所需资金投入依生产规模、管理水平和地区条件等而变化，资金投入包括土地、建筑、公用设施、设备与流动资金几个部分。本章以建设1个存栏1 000头、年出栏2 000头肉牛育肥场为例，对肉牛场养殖投资效益进行了分析，供建设时参考。

第一节 概 述

建设1个存栏1 000头、年出栏2 000头肉牛育肥场，包括育肥牛舍、饲料间、青贮窖(池)，相关污水处理工程、沼气池、公用设施等。

一、编制依据及评价范围

本项目的经济评价主要依据国家计委、建设部颁布的《建设项目经济评价方法与参数》(第3版)以及现行的财税制度进行。评价范围包括肉牛饲养及销售，在饲养中未考虑草地效益，本项目以购进方式解决所需的青粗料。

二、项目概况

1. 购牛的数量和质量

购进待育肥架子牛的活重 200～300 千克，牛品种为利木赞、夏洛来、西门塔尔牛等杂交牛，无遗传缺陷，健康无病，育肥结束体重在 650～750 千克。采用半年循环式育肥，育肥肉牛 1 000 头，4 000 元/头，购牛费需要 4 000 元/头×2 000 头＝8 000 000 元＝800 万元。

2. 机械设备

包括青贮饲料机械及配套、精粗料粉碎机、锅炉、地磅等，合计 102.18 万元，详见表 1-1。

表 1-1　机械设备及费用

设备名称	型号及规格	数量/台	单价/万元	估价/万元
青贮饲料机	自走式	1	30.0	30.00
青贮机	自翻式	3	4.0	12.0
拖拉机	1.5 吨	5	1.6	8.0
粉草机		1	4.0	4.0
精饲料加工机械		1	1.0	1.0
饲料搅拌机		1	2.0	2.0
饲料输送机	小型拖拉机	1	1.0	1.0
锅炉	0.5 吨	1	7.5	7.5
地磅	10 吨	1	2.0	2.0
地磅	1 吨	1	0.2	0.2
变压器	50 千瓦	1	1.0	1.0

续表 1-1

设备名称	型号及规格	数量/台	单价/万元	估价/万元
运输车	2 吨	2	10	20.0
手推车		30	0.016	0.48
兽医器械				2.0
饲养工具				4.0
办公家具				2.0
电器设施				5.0
合计				102.18

3.育肥场建设工程量

肉牛养殖场占地面积 20 000 米^2[2 公顷，30 亩(1 亩＝667 米^2)]，土建面积 18 656 米^2，建筑工程费合计 513.32 万元，详见表 1-2。

(1)育肥牛舍　存栏 1 000 头，年出栏 2 000 头，需建面积 650 米^2/栋的牛舍 10 栋(每栋长 65 米，宽 10 米，每批养牛 100 头)。共需建牛舍面积为 650 米^2/栋×10 栋＝6 500 米^2，造价为 300 元/米^2，约需资金 300 元/米^2×6 500 米^2＝1 950 000 元＝195 万元。

(2)精饲料库　以贮存量为 60 天计算，需建能贮存精料量 30 万千克的饲料库 1 座，面积为 300 米^2，约需资金 300 元/米^2×300 米^2＝90 000元＝9 万元。

(3)粗饲料棚　以贮存量为 60 天计算，需建能贮存粗料量 30 万千克的粗料棚 1 座，面积 300 米^2，需资金 30 元/米^2×300 米^2＝9 000 元＝0.9 万元。

(4)青贮窖(池)　以每头每日采食(自然重)8 千克计算，共需青贮玉米量为 8 千克/(头・天)×365 天×1 000 头＝2 920 000 千克，每米^3 窖(池)可青贮玉米秸秆 500 千克，需建容积为 1 000

米^3 的青贮窖(池)6 个,占地 2 000 米^2,约需资金 50 元/米^2 × 2 000 米^2 = 100 000 元 = 10 万元。

表 1-2　育肥场建筑工程费

项目名称	建筑面积/米^2	项目单价/(元/米^2)	合计/万元
牛舍	6 500	300	195
饲料库	300	300	9
饲草棚	300	30	0.9
青贮窖(池)*	2 000	(50)	10
办公室、宿舍	300	500	15
沼气池*	500	(4 000)	200
机修房	100	300	3
地磅	60	250	1.5
门卫	48	400	1.92
装牛台	24	120	0.288
配电室	40	400	1.6
锅炉房	60	400	2.4
水塔,泵房	24	500	1.2
堆草场	4 700	50	23.5
污水沉淀池	200	300	6
道路	2 000	120	24
停车场	500	120	6
绿化带	1 000	120	12
合计	18 656		513.32

* 以米^3 为单位计算费用。

(5)办公室和宿舍 办公室100米^2，宿舍200米^2，造价为500元/米^2，约需资金500元/米^2×300米^2=150 000元=15万元。

(6)沼气池 每头牛每日产粪便15千克，共日产鲜粪15千克/头×1 000头=15 000千克，每米^{3}沼气池需投鲜粪20～30千克，需建容积为500米^{3}沼气池，占地面积约500米^2，需资金(包括设备在内)4 000元/米^3×500米^3=2 000 000元=200万元。

4.饲料费

每头牛每天耗饲料10千克，饲喂5个月需资金1.0元/千克×10千克/(头·天)×2 000头×150天=300万元。

5.疾病防治费

每头牛疫病防治费10元，则需资金10元/头×2 000头=20 000元=2万元。

6.燃料动力费

电费每度0.519元，正常月份每月平均交电费600元，年计7 200元。收购青饲料加工入窖时期2个月用电量大，计5 000元，年交电费12 200元=1.22万元(已含水泵、电线费损耗)。

水费主要是打井费用，井深65米，计6 500元=0.65万元；

车辆使用燃油费，每月平均500元，年计500元×12=6 000元=0.6万元；

电费、水费及车辆使用燃油费，合计1.22万元+0.65万元+0.6万元=2.47万元。

7.工资福利费

饲养员及其他人员：40人×12 000元/人=480 000元=48万元；

管理人员:10人×15 000元/人=150 000元=15万元;

合计48万元+15万元=63万元。

8.维修费

设备及设施维修费用按土建和设备原值的2%估算,每年约(102.18+513.308)×2%=12.31万元。

9.年折旧费

按固定资产使用年限为10年、残值率为5%计算,则年折旧费为648.45×(1-5%)/10=61.6万元。

10.摊销费

本项目无摊销费。

第二节 基础数据

一、计算期

计算期采用10年,其中建设期1年,第1年达到设计规模的50%。

二、投资情况

项目总投资1 796.89万元,均为自筹资金,详见表1-3,其中以基期价格分别估算的固定资产投资为648.45万元,流动资金500万元。

表 1-3 投资情况 万元

一、固定资产		648.45
1. 建筑工程费		513.32
2. 设备费		102.18
3. 前期管理费	(1)建筑设计费(按建筑工程费 2%计算)	10.27
	(2)勘测设计费前期工作费(按建筑设计费 1%计算)	0.10
4. 预备费	(1)基本预备费(按建筑工程费 4%计算)	20.53
	(2)价差预备费(按设备费 2%计算)	2.04
二、流动资金		500.00
合计		1 148.45

三、成本费用情况

成本费用估算详见表 1-4。

四、产品销售收入

利润总额及分配详见表 1-5。达到实际生产能力时，每年出售育肥牛 2 000 头，体重平均达到 600 千克，单价 16 元/千克，则收入 16 元/千克×600 千克/头×2 000 头＝1 920 万元。沼气收入(包括沼气发电、沼渣有机肥及沼液)每年合计 80 万元。则销售总收入为 1 920 万元＋80 万元＝2 000 万元。销售税金及附加按产品销售收入的 8%计算，正常年为 160 万元。养殖业免收所得税，利润总额正常年为 588.62 万元。

表 1-4 成本费用估算 万元

项目	建设期	达到设计能力生产期								
	1 年	2 年	3 年	4 年	5 年	6 年	7 年	8 年	9 年	10 年
生产负荷/%	50	100	100	100	100	100	100	100	100	100
购牛费	400	800	800	800	800	800	800	800	800	800
饲料费	150	300	300	300	300	300	300	300	300	300
疾病防治费	1	2	2	2	2	2	2	2	2	2
燃料动力费	1.235	2.47	2.47	2.47	2.47	2.47	2.47	2.47	2.47	2.47
工资福利费	31.5	63	63	63	63	63	63	63	63	63
维修费	12.31	12.31	12.31	12.31	12.31	12.31	12.31	12.31	12.31	12.31
其他费用	0	10	10	10	10	10	10	10	10	10
年折旧费	61.6	61.6	61.6	61.6	61.6	61.6	61.6	61.6	61.6	61.6
总成本费	657.645	1 251.38	1 251.38	1 251.38	1 251.38	1 251.38	1 251.38	1 251.38	1 251.38	1 251.38
经营成本费	596.045	1 189.78	1 189.78	1 189.78	1 189.78	1 189.78	1 189.78	1 189.78	1 189.78	1 189.78
固定成本费	73.91	83.91	83.91	83.91	83.91	83.91	83.91	83.91	83.91	83.91
可变成本费	583.735	1 167.47	1 167.47	1 167.47	1 167.47	1 167.47	1 167.47	1 167.47	1 167.47	1 167.47

注:经营成本费＝总成本费－年折旧费

固定成本费＝维修费＋其他费用＋年折旧费＋疾病防治费＋燃料动力费＋工资福利费

可变成本费＝购牛费＋饲料费

表 1-5　利润总额及分配

万元

项目	建设期	达到设计能力生产期								
	1 年	2 年	3 年	4 年	5 年	6 年	7 年	8 年	9 年	10 年
生产负荷/%	50	100	100	100	100	100	100	100	100	100
产品销售收入	1 000	2 000	2 000	2 000	2 000	2 000	2 000	2 000	2 000	2 000
销售税金及附加税金	80	160	160	160	160	160	160	160	160	160
总成本费	657.645	1 251.38	1 251.38	1 251.38	1 251.38	1 251.38	1 251.38	1 251.38	1 251.38	1 251.38
利润总额	262.355	588.62	588.62	588.62	588.625	88.625	88.625	88.625	88.625	88.62
所得税	0	0	0	0	0	0	0	0	0	0
税后利润	262.355	588.62	588.62	588.62	588.62	588.62	588.62	588.62	588.62	588.62
可供分配利润	262.355	588.62	588.62	588.62	588.62	588.62	588.62	588.62	588.62	588.62
未分配利润	262.355	588.62	588.62	588.62	588.62	588.62	588.62	588.62	588.62	588.62
累计未分配利润	262.355	850.975	1 439.595	2 028.215	2 616.835	3 205.455	3 794.075	4 382.695	4 971.315	5 559.935

第三节　盈利能力分析

一、全部投资财务现金流量

根据基础参数编制全部投资财务现金流量见表 1-6。表 1-6 反映了项目在整个计算期内每年的现金流入和流出情况。

二、经济评价指标

(一)财务内部收益率

财务内部收益率(FIRR)是指项目计算期内各年净现金流量现值累计等于零时的折现率。根据表 1-5 得财务内部收益率为 78.73%,财务内部收益率大于行业基准收益率(12%),说明盈利能力满足了行业最低要求。

(二)财务净现值

财务净现值(FNPV)指用设定的折现率将项目计算期内各年的净现金流量折现到建设初期的现值之和。折现率按 12%计算,则净现值(NPV)=2 539.04 万元,财务净现值大于 0,说明该项目在财务上是可以考虑接受的。

净现值率=(净现值/项目总投资)×100%

=2 539.04/1 148.45×100%=221%

表 1-6　项目财务现金流量

万元

项目	建设期	达到设计能力生产期								
	1 年	2 年	3 年	4 年	5 年	6 年	7 年	8 年	9 年	10 年
生产负荷/%	50	100	100	100	100	100	100	100	100	100
现金流入	1 000	2 000	2 000	2 000	2 000	2 000	2 000	2 000	2 000	2 564.845
产品销售收入	1 000	2 000	2 000	2 000	2 000	2 000	2 000	2 000	2 000	2 000
回收固定资产余值	0	0	0	0	0	0	0	0	0	64.845
回收流动资金	0	0	0	0	0	0	0	0	0	500
现金流出	1 824.495	1 349.78	1 349.78	1 349.78	1 349.78	1 349.78	1 349.78	1 349.78	1 349.78	1 349.78
固定资产投资	648.45	0	0	0	0	0	0	0	0	0
流动资金	500	0	0	0	0	0	0	0	0	0
经营成本	596.045	1 189.78	1 189.78	1 189.78	1 189.78	1 189.78	1 189.78	1 189.78	1 189.78	1 189.78
销售税金及附加税金	80	160	160	160	160	160	160	160	160	160
净现金流量	−824.495	650.22	650.22	650.22	650.22	650.22	650.22	650.22	650.22	1 215.065
累计净现金流量	−824.495	−174.275	475.945	1 126.165	1 776.385	2 426.605	3 076.825	3 727.045	4 377.265	5 592.33

(三)投资回收期

投资回收期是以项目的净收益抵偿全部投资(包括建设投资和流动资金)所需要的时间。

静态回收期=项目总投资/各年平均 NCF
=1 148.45/650.22
=1.766(年)

动态回收期=累计净现金流量开始出现正值的年份−1+(上年累计净现金流量的绝对值/当年净现金流量)
=3−1+(|−174.275|/650.22)
=2.268(年)

投资回收期短,表明项目的盈利能力和抗风险能力好。

(四)投资利润率

投资利润率是指项目达到设计生产能力后一个正常生产年份的年利润总额与项目总投资的比例。

投资利润率=(年平均利润/项目总投资)×100%
=588.62/1 148.45×100%
=51.25%

即 1 元的原始投资可赚得 0.51 元的净利润,大于行业平均利润率,说明单位投资对国家积累的贡献水平达到了行业平均水平。

三、盈亏平衡分析

以生产能力利用率表示的盈亏平衡点:

生产能力利用率=[年平均固定成本/(年平均销售收入−年

平均可变成本一年平均销售税金)]×100%

=[83.91/(2 000－1 167.47－160)]×100%

=83.91/672.53×100%=12.48%

由盈亏平衡分析可知，当项目生产能力利用率低于12.48%时，才会亏损，超过时则盈利。说明该项目风险较小。

四、财务评价结论

本项目全部投资所得税前、后的财务内部收益率均高于15%，在基准收益率情况下，全部投资所得税前、后的财务净现值均大于零，说明项目的财务盈利能力满足要求。从盈亏平衡分析看，只要生产能力达到设计能力的12.48%，项目就可保本，说明项目的抗风险能力强。

综合上述，本项目的建设在财务上是可行的。

第四节　社会效益和生态效益分析

一、社会效益

第一，肉牛健康养殖项目的建设，每年可创造160万元的税收，有效推动农村经济发展。项目的建设可促进相关产业如运输业、印刷包装业、食品加工业等第三产业的发展。

第二，项目的建设可直接安排50人就业，为该项目配套的相关企业和服务行业有近100个就业机会，对社会稳定起到积极作用。

第三，本项目每年需向农村收购青粗料 2 400 吨，农民直接收入 1 200 万元，如果没有这个项目，这些青粗料只能被废弃，不能产生任何效益，而且还可能造成环境污染。

二、生态效益

根据环保部门的意见和本项目的沼气环保方案，项目污染较小，解决了农村畜禽粪便带来的污染，大大改善了养殖场的卫生环境条件，改善了人民的居住环境，实现家居温暖清洁化，农业生产生活无害化。沼气利用使废弃物得到充分利用，缓解了能源短缺问题。有机肥的利用降低农药、化肥的使用量，以沼气工程为纽带的综合治理生态农业建设，对促进农业生态环境良性循环和利用起到了重大作用，确保农业经济的可持续发展，加快了社会主义新农村的建设进程。

因此，发展养牛业可以直接提高资源综合利用率，既可消除资源废弃所带来的环境污染，又可促进生物体多样化、促进种植业向三元结构转变，促进农业的可持续发展。项目采用无污染无病毒养殖技术，生产生物有机肥又直接促进无公害农业和绿色食品的发展。

思考题

1. 什么是投资回收期？肉牛养殖场建设项目的投资回收期是多少？

2. 对肉牛养殖场进行投资，资金主要用于哪些方面？

3. 肉牛养殖场建设项目的社会效益和生态效益表现在哪些方面？

第二章 肉牛的主要品种与利用

导 读 肉牛品种应是经过长期培育，在体型结构、经济价值和生产用途上适合生产牛肉的专门化品种。我国地域辽阔、地形结构复杂多样，在自然环境和人为培育的共同影响下，形成了很多优良的地方品种。它们普遍具有耐粗饲，抗热、耐寒性能好，抗病力强，肉质细嫩，肌纤维细，口感好，脂肪分布均匀，适应性好，耐粗放管理，遗传性能稳定等优点。对于这些品种的利用途径主要有本品种选育提高，作为杂交改良的亲本或品种资源保存的材料等。除此之外，我国从20世纪初首次引进西门塔尔牛参与三河牛的育成开始，以后陆续引进了利木赞牛、夏洛来牛、安格斯牛等用于对本地品种进行杂交改良。通过杂交改良，提高本地牛肉的品质，并且增加了产肉量。

第一节 肉牛的地方品种

一个地方良种的形成是诸多因素影响的结果，除了遗传因素起决定作用外，环境条件和人为的选择培育起着重要的作用。肉牛在特定的环境条件下，经过漫长的岁月，形成了具有不同外貌特征和生产特点的各个品种。地理位置、地势、地形、气候、雨量、土壤与植被，都与地方品种的形成和生产性能有密切关系。

一、鲁西黄牛

1. 产地与分布

鲁西黄牛主产于黄河以南、京杭运河以西、黄河故道以北的三角地带，以山东省西南部的菏泽、济宁为最多，鲁南、鲁北、河南东部、河北南部、江苏、安徽北部也有少量分布。历史上，鲁西黄牛产区地处平原，地势平坦，面积大而土质黏重，耕作费力，加之当地交通闭塞，其他役畜饲养甚少，耕作和运输基本都依靠役牛承担，且本地农具和车辆都笨重，促进了群众选育、饲养大型牛的积极性。

鲁西南地区位于山东省西南部，南邻江苏、安徽，西界河南，整个地势由西南、东北渐低。从地理上看，沿老运河一连串的湖泊是南北狭长的低洼地带，以西是黄河冲积平原，以东属泰山冲积平原，两侧地貌、土质均不同。本区大部分土壤以冲积土为主，层次鲜明，一般呈石灰性反应。土壤可分为黏土、沙壤土、壤土及沙土，在沙壤土中尚有部分盐碱土。沙壤土及黏土所占比重较大，约占总耕地面积的78%。黏土保肥力强，腐殖质含量较多，但含黏土粒多，质地黏重，结构紧密，排水不良，故湿时黏重，干旱时土粒黏结成块，耕作较为困难，持水量在39.4%。在这些地方，由于耕作费力，需要体大力足的牛才能胜任，由此喂养较大型的犍牛较多，形成“抓地虎型”。沙壤土其结构较疏松，易于耕作，唯腐殖质较少，保水力较差，虽适于土壤微生物活动，但不耐旱，持水量在14.4%。在这些地区耕作省力，形成“高辕型”。20世纪60年代后，由于工具的改进和饲养条件的改善，出现了大量的中间类型。

2. 体型外貌

鲁西黄牛(图2-1)体躯高大、粗壮，结构匀称紧凑，肌肉比较发达，前躯较宽深，背腰宽广而较平直，关节干燥，筋腱明显，前肢多呈正肢势，或少有外向，后肢弯曲度很小，飞节间距离小。鼻镜多为肉红色，部分有黑点或黑斑。皮薄毛细，皮肤干燥而富有弹性。鲁西黄牛角粗，颜色为蜡黄色，根部色淡，接近白色，角尖色深，呈褐色。全身被毛一致，毛色从红棕色到浅黄色变化，以正黄色为主，约占 70%。尾细而长，尾毛有弯曲，常扭在一起呈纺锤状，并有少量白尾梢和黑尾梢。蹄大且圆，蹄质致密但硬度较差。蹄色为红到蜡黄，少数为黄色。大多数鲁西的黄牛眼圈、口轮、腹下及四肢内侧等部位颜色稍浅，俗称“三粉”特征。

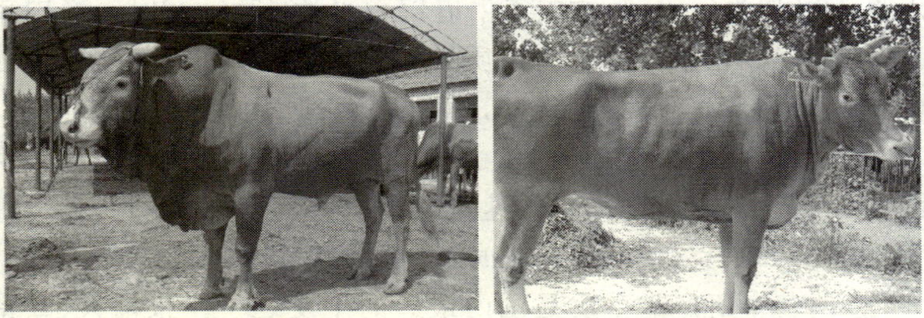

公　　　　母

图 2-1　鲁西黄牛

鲁西黄牛公牛头短而宽，角多为向两侧或后上方平伸的龙门角或担子角，颈短而粗，垂皮明显，肩峰高而宽厚，前躯发达，胸深而宽，背腰宽广平直，侧望具有类似肉牛的长方形体型，但后躯发育稍差，尻部肌肉欠丰满。鲁西黄牛母牛头清秀，稍窄而长，眼大而明亮，口形方大，鼻镜和皮肤多为肉红色，并有少数黑斑点，角多为龙门角，颈细长，前胸稍窄，背腰平直较短，后躯发育较好，尻部较倾斜。

鲁西黄牛在形成过程中，由于自然条件和用途不同，出现了“高辕型”和“抓地虎型”两种类型。其中高辕型牛个体大，体躯较短，胸围较小，侧视呈近正方形，角形多为龙门角和倒八字角，毛色较浅，黄色较多，“三粉”特征明显，四肢较长，速度快，但持久力差，多用于运输。抓地虎型牛个体较矮，体躯长，四肢较短，胸宽深，肌肉丰满,侧视呈长方形。公牛多平角或倒八字角,母牛多不正角;行速慢而挽力大,多用于耕作,屠宰率高。自 20 世纪 70 年代以后,以上两种类型差异逐渐缩小,介于两者之间的中间类型逐渐占据多数。目前中间型的鲁西黄牛约占总数的 74%。

3. 生产性能

鲁西黄牛具有良好的产肉能力,产肉率较高。经过育肥的 18 月龄公、母牛屠宰率高达 56%～60%,净肉率 48%～51%,眼肌面积 87～92 厘米^2。育肥的成年牛屠宰率可达 57%～62%,净肉率 49%～52%。鲁西黄牛牛肉肉质细嫩,肌纤维细,口感好,脂肪分布均匀,肌间脂肪沉积性能好,育肥后大理石状花纹极为明显。18～30 月龄的阉牛经过 6～12 个月育肥,能够生产出优质高档牛肉。鲁西黄牛体型较大,生长速度快,在饲喂条件良好时,日增重可达 600～800 克,架子牛育肥时,日增重可高达 1 000 克以上。

鲁西黄牛所产的牛皮是国内最好的牛皮之一。张幅大、致密柔韧,没有虫蚀,是良好的工业原料。

4. 繁殖性能

鲁西黄牛性成熟早,但体成熟较晚,具有较强的繁殖性能。母牛一般 10～12 月龄开始发情,适宜初配年龄为 16～20 月龄,最佳利用年限一般为 7～8 年,一生可产犊 10～12 胎,妊娠期为 285 天左右。公牛一般 12 月龄性成熟,以 24 月龄左右开始配种最好,利用年限一般为 5～7 年。

鲁西黄牛犊牛初生重公犊 23～28 千克,母犊 22～27 千克,而且难产率很低。12 月龄公牛体重可达 280～330 千克,母牛体重 240～280 千克。成年体重公牛一般在 600 千克以上,母牛在 350 千克以上。

5. 适应性及饲养管理

鲁西黄牛耐粗饲,在不喂精料的情况下,能够依靠小麦秸、玉米秸等劣质农作物秸秆维持生产。产区农民除使役和产犊期间,一般不喂精料，但饲喂极为精细，冬季利用各种秸秆、牧草铡短混合制成“花草”喂牛，既提高了适口性，营养又较全面，夏天则喂青草。

鲁西黄牛抗热，30～35℃仍可正常增重和使役，但耐寒能力差，冬季要做好保温。鲁西黄牛抗病力强，具有抗结核病和焦虫病的特性。

二、渤海黑牛

1. 产地与分布

渤海黑牛的主要产地位于山东省滨州市的无棣、沾化、滨城区和阳信一带，东营市的利津、垦利、广饶等县市以及潍坊市、德州市也有少量分布，其中以滨州市的渤海沿岸一带数量最多，质量最好。渤海黑牛产区地势低洼，且多受北方冷空气影响，气候变化无常，冬、夏季气温相差悬殊，年温差达 32℃以上，其中心产区无棣县最高曾达 34.5℃，每日温差常在 12℃以上。在这种恶劣气温下，渤海黑牛表现较好，生产发育正常。

渤海黑牛是在当地自然环境、社会经济条件下，经过长期选择培育而成的黑牛品种。产区为黄河冲积平原，海拔在 20 米以下。地处偏僻、低洼、交通不便的沿渤海一带，主要依靠牲畜耕作与运输。尤其在红黏土带，耕作、运输费力，需要重心低、力大耐劳的牛方可胜任。因此群众喜欢选择低身广躯的“抓地虎型”黑牛。由于产区有大面积滨海天然草场和种植作物的习惯，作物种类齐全，豆类作物、棉花种植面积大，为渤海黑牛的形成起了重要作用。同时，产区靠近京津地区，新中国成立前就有向天津等地出售膘牛的习惯，膘牛出售以产肉量定价，刺激了农民选育、饲养产肉量高的大牛。经过长期的自然驯化和人工选择，加之较严格的选配和精心饲养管理，逐渐形成了当今的渤海黑牛。

2. 体型外貌

渤海黑牛(图 2-2)体型中等,体质结实,结构紧凑,身躯比较低,四肢非常粗壮,体躯显得较长,胸围大,整个体型呈类似肉牛的长筒状;头颈长短适中,背腰较平直;角比较短,角质细密,角形多为龙门角或倒八字角;蹄形呈木碗状,蹄质结实,蹄病很少;尾很长,超过了飞节;鼻镜、蹄、角全部呈黑色。大部分牛被毛为纯黑色,少数为锈黑色或淡黑色。

公

母

图 2-2 渤海黑牛

渤海黑牛公牛额平直,眼大而有神,颈比较短,肩峰明显;母牛非常俊秀,额较宽平,性情温顺。

3. 生产性能

渤海黑牛耐粗饲,对饲料的利用率很高,易肥育,育肥后大理石花纹极好,产肉能力较好。据山东省滨州畜牧兽医研究所测定,在一般饲养条件下,成年公牛和阉牛屠宰率可达 50%~55%,净肉率 41%~45%;成年母牛屠宰率可达 47%~52%,净肉率 39%~42%。公牛经育肥后屠宰率高达 55%~60%,净肉率 45%~50%。育肥后活牛出售到香港,被称之为“黑金刚”。

4. 繁殖性能

渤海黑牛性成熟和体成熟较早,繁殖力较强。公牛一般 10~12 月龄即达性成熟,6 月龄就有爬跨现象出现,适宜配种年龄为

18月龄，利用年限6～8年。母牛一般8～10月龄开始发情，适宜初配年龄为14～18月龄，利用年限5～7年，发情周期平均20.2天，发情持续期2～3天，妊娠期279.5天，产后第一次发情的时间为60～80天，通常一年一犊，终身产犊7～8胎，高者可达10胎以上。

渤海黑牛体型中等，公犊平均初生重为22～26千克，母犊平均初生重为21～25千克；12月龄公牛平均体重200～250千克，母牛平均体重180～230千克；成年公牛平均体重480千克以上，成年母牛平均体重300千克以上。

5.适应性及饲养管理

渤海黑牛产区地处渤海沿岸，草场面积较大，自然环境决定了渤海黑牛以放牧为主，舍饲为辅的饲养方式。渤海黑牛极耐粗饲，适应性很强，在夏季气温40℃，冬季－20℃的恶劣条件下仍表现良好，抗病力较强。产区不仅气候恶劣，而且年降水仅550毫米左右，是山东省降水量最少的地区，植被较稀疏，渤海黑牛在这样的环境下形成了较强的觅食能力，再加上使役能力强，故深受当地群众的喜爱。

三、闽南牛

1.产地与分布

闽南牛中心产区在福建省龙海、漳浦、晋江、平和、同安、南安及漳州等地。闽南牛产区位于福建省东南沿海平原及丘陵山区，海拔50～300米，属南亚热带和中亚热带农业气候区。年平均气温17～20℃，7～8月份气温最高，平均为36～38℃，最低气温为6～8℃，年降水量为1 300～1 700毫米，无霜期340～350天。产区自然条件好，四季常青，土壤肥沃，牧草茂盛，终年可以放牧。主要农作物有水稻、花生、甘薯、大豆、豌豆及甘蔗等。尤其沿海各地盛产甘蔗和甘薯，农民常以甘蔗梢及甘薯蔓等农副产品喂牛，饲料资源丰富，有发展养牛的条件。

2. 体型外貌

闽南牛是我国东南沿海地方优良品种。其体型结构偏向于役肉兼用型。具有发育匀称、结构紧凑、体态优美、适应性强、耐热、挽力大、肌肉较丰满及肉质好等优良特性，主要缺点是体型偏小，且不一致，尻部略尖斜，公牛多有“草腹”现象。

闽南牛结构良好，发育匀称，体质紧凑，肌肉丰满，偏于役肉兼用型，头略长，眼微突，轮廓清晰。角形不一，公牛多呈八字形；母牛角短，略向前弯曲。公牛肩峰高耸，峰高达13～18厘米，峰宽14～16厘米。垂皮发达，最宽处达18～20厘米。胸宽深适中，背腰平直，尻部略斜，肌肉尚丰实。四肢略纤细，但关节明显结实。蹄叉紧，多呈木碗蹄。毛色首先以黄及褐色居多，其次为黑色，亦有少数棕红色。公牛毛色多为深褐色或黑色，阉割后渐变为黄色。除黑牛外，一般牛腹下及四肢内侧毛色略浅。眼圈、鼻镜、背线、尾帚及蹄壳为黑色。被毛细而富光泽，皮薄且有弹性。

3. 生产性能

青年牛舍饲肥育的平均屠宰率52.9%，净肉率44.8%，眼肌面积57.0厘米^2，公牛育肥期平均日增重921.4克，屠宰率57.4%，净肉率47.2%，眼肌面积67.6厘米^2，净肉重89千克，优质肉31.6千克，比例较高。

4. 繁殖性能

闽南牛母牛8～10月龄性成熟，2岁产犊牛者常见，一般在2岁开始配种。在混群放牧的情况下公牛1.5岁已经具有有效的繁殖能力。母牛发情周期为19.5天，范围17～25天；持续期1～3天，有63.5%为2天左右。闽南牛终年发情，但以4～8月份比较集中。妊娠期280～295天。

5.适应性及饲养管理

闽南牛耐高温高湿。

四、皖南牛

1.产地与分布

皖南牛主要产于安徽省境内长江以南的黟县、歙县、绩溪、旌德及祁门各县。皖南牛产地属黄山山区，该地区地势较高，山岭延绵，地形错综，山河交错，地形异常复杂，大致可分为高山、中山区（海拔 500 米以上）、低山丘陵区（海拔 250 米左右）和盆谷漫滩区，其中以低山丘陵区面积最大，约占总面积的 2/3。产区地处中亚热带，年平均气温为 15.4～16.3℃，无霜期 230 天，草食动物基本可终年放牧。由于当地自然条件好，气候温暖，草场广，牧地多，群众自古即有养牛习惯。

2.体型外貌

皖南牛体型不太一致，从总体来说，体型偏小，但结构较好，四肢较细。外貌分类可分为粗糙和细致两种类型，另外尚有介于两者之间的中间类型。粗糙型：外貌粗糙，头较粗重，额宽平（也有微凹），颈稍短。垂皮发达，公牛肩峰较高，母牛稍具肩峰或有小突起。胸部较深，背腰平直，双脊背较多，后臀肌肉较丰满。尾细而长。四肢较短，即肢势类似水牛。被毛较粗糙。蹄多黑色，质甚坚实，能经受水泡。毛色以褐色、灰褐色、黄褐色、深褐色、黑色等较多，且具背线。细致型：外形较细致清秀，头较狭长而轻，颈较细长而平，垂皮发达。公牛稍有肩峰，但较低，母牛肩峰不明显。毛色以橘黄色、黄红色为多。体型稍大者较多。

3.生产性能

皖南青壮年牛肉质细嫩，屠宰率为 50%～55%，净肉率 45%。

4.繁殖性能

皖南牛早熟，5～6月龄出现性特征，8～9月龄开始发情，2岁产犊。公牛10月龄即能配种。

5.适应性及饲养管理

皖南牛不仅能负担旱田耕作，并能耕作水田，行动敏捷，性情温顺，善于爬山觅食，能吃青草抓膘，耐粗饲。

五、舟山牛

1.产地与分布

舟山牛产于浙江省舟山市，主要分布于浙江省定海县小沙、大沙、烟灯、岑港、洋岙、盐仓、白泉、老矸、紫微、马岙、洞岙、皋泄等26个乡镇。

2.体型外貌

舟山牛头短，额上有旋，角的基部呈方扁形且细小，尖端比基部略粗大，呈圆钝状。青年牛角面粗糙，凹凸不平；老年牛角面光滑；公牛角长，角形不一，垂皮发达，长约30厘米，背腰平直，后躯发达。公牛肩峰高耸，臀部丰满；母牛肩峰稍隆起。四肢粗长有力，后肢略高，蹄形多属钢盘蹄，木碗蹄，蹄质坚硬。母牛乳房略大而下垂，乳头均匀。全身被毛黑色，且毛短而富光泽。初生犊为棕色，断乳后逐渐变为黑色。鼻镜、眼圈、阴户、肛门均为黑色。

3.生产性能

舟山牛是我国南方体格较大，结构良好，使役年限长，役力较强的地方品种。

4.繁殖性能

舟山牛公、母初配年龄2岁，母牛3年2胎。舟山牛初生犊牛公牛体重为34千克，母牛为36千克。

5. 适应性及饲养管理

舟山牛具有抗病力强、挽力强、耐粗饲等特点。

六、广丰牛

1. 产地与分布

广丰牛中心产区和原产地在江西省广丰县，故名广丰牛。主要分布在产区周围的玉山、上饶、横峰、弋阳等县的部分地区。广丰为闽、浙、赣三省交界处，气候温和，年平均气温 17.72℃，年降水量 1 649.96 毫米，无霜期长达 267 天。境内为低山丘陵，土肥，坡低，草茂，有利于牛的生长发育；加上交通不便，未受外来品种干扰，为该品种的自群繁殖创造了条件。同时产区多为环山梯田，旱地面积大，山间及农村道路多系风化后的细沙粒构成，牛长期在这种环境下耕作行走，促使广丰黄牛四肢粗壮，蹄坚耐磨，故有“铁蹄牛”之称。

2. 体型外貌

广丰牛公牛头重而宽，母牛轻而狭。鼻直，额平，枕骨突出 1～2 厘米，眼睛多突出，似狮子头；角形分“富字角”、“鹰爪角”、“火叉角”、“扁担角”4 种。公牛多“富字角”，母牛多“鹰爪角”，很多牛的角根可摇动。具有狮子头、富字角、马蹄脚的牛耕作力最强。公牛肩峰隆起，高出鬐甲 3.5～8 厘米，峰顶呈馒头状，母牛乳房发育良好，乳头整齐，距离均匀。蹄黑色坚实，呈圆形（似马蹄），蹄底周围突出（呈凹形），蹄缝紧。系短，与蹄部紧密相连。尾长过飞节，尾帚大而长。毛色有黄色、黑色、棕黄色和棕黑色 4 种，其中以棕黄色、棕黑色多。被毛细密而有光泽，皮薄紧凑而有弹力。

3. 生产性能

广丰牛具有体型紧凑、胸部发达、胸围率高、肉用性能好、肥育效果显著等优良特性，但仍存在体型偏小、产肉量不多、后躯发育较差等缺点。

4. 繁殖性能

广丰牛公牛性成熟为365日龄,配种为1 095日龄;母牛性成熟为540日龄,配种为730日龄。

5. 适应性及饲养管理

广丰牛具有抗病力强、挽力强、耐粗饲等特点。

七、南阳牛

1. 产地与分布

南阳牛原产于河南省南阳市白河流域和唐河流域的平原地带,许昌、周口、驻马店等地区也有分布,开封、洛阳等地有少量分布。早在2 000多年前,该地区养牛业就已相当发达,主要原因是产区的自然地理条件较为优越,它位于河南省西南部,三面环山,有南阳盆地之称。产区以往位置偏僻,交通不便,土质坚硬,需要体大力强的牛只从事耕作和运输,促使群众养成选留大牛的习惯,促进了牛个体体型的发展。在选种选配方面,要求体格高大,结构匀称,毛色纯正,外貌良好。特别是对种公牛的选择更为严格,劣质种公牛严格全部淘汰,同时注意公、母牛的选配。经过群众长期的精心培育,从而形成了著名的南阳牛。目前,全国已有22个省、市、区引进南阳种牛改良本地黄牛,杂交优势明显。在其产区,引进夏洛来牛、利木赞牛进行杂交,对提高其产肉性能,改善后躯发育不良的效果明显,但中心产区应坚持本品种选育,向肉用品种培育方向发展。

2. 体型外貌

南阳牛(图2-3)体格高大,体质干燥结实,肌肉丰满,结构紧凑,发育匀称,皮薄毛细,行动迅速。南阳牛口方正,鼻镜较宽,多为肉红色,其中部分有黑斑点。额微凹,颈垂发达,皱褶很多。肩部宽而厚，胸部宽而深，背腰宽广平直，荐部稍高，尻部短而尖，尾较细。四肢端正，蹄圆大、结实，颜色以蜡黄色或琥珀色带血筋者较多。角比较短，颜色具有从近于白色的浅黄蜡色、青色一直到黑色的多种色调。被毛颜色以黄色、米黄色为主，约占 80.5%；红色和草白色较少，分别占 8.8%和 10.7%；面部、腹下和四肢下部等处毛色稍浅。

公

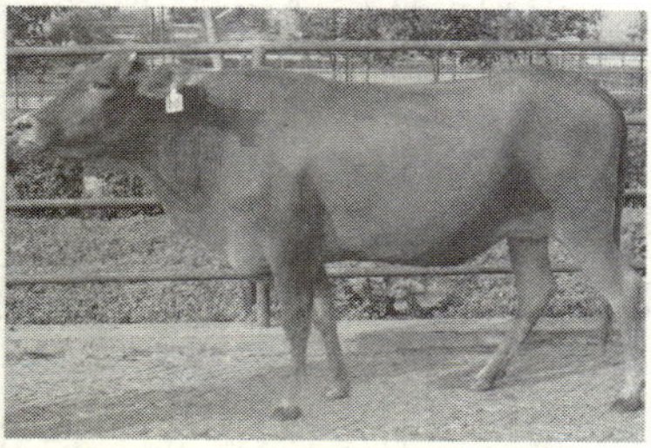

母

图 2-3　南阳牛

公牛头部方正雄壮，额微凹，颈短厚稍呈弓形，颈侧多有皱襞，角多为萝卜头角，鬐甲高，肩峰发达，隆起 8～9 厘米，前躯发育较好。母牛头清秀，角较细，鬐甲比较低，背腰平直，一般中、后躯发育良好，但部分牛存在胸部深宽不够，尻部较斜和乳房发育较差的缺点。

3. 生产性能

南阳牛肌肉丰满，产肉性能良好，据南阳黄牛研究所报道，断奶犊牛在以粗饲料为主的条件下育肥 8 个月，平均体重 411.7 千克，平均日增重 0.813 千克，平均屠宰率 55.6%，净肉率 46.6%，肉骨比 1∶5.1，眼肌面积 92.6 厘米^2。3～5 岁阉牛经强度育肥后，屠宰率高达 64.5%，净肉率 56.8%，眼肌面积 95.3 厘米^2。南阳牛牛肉大理石花纹比较明显，肉质比较好，味道鲜美。

南阳牛的泌乳期长为 6～8 个月，泌乳量 600～800 千克，高的可达 1 500 千克，乳脂率 4.5%～7.5%。

南阳牛皮质优良，享誉国内外，素有“南皮”之美名。经测定，秦川牛、鲁西牛和南阳牛，3 种皮革的吸湿排湿性能、强度、伸长率、断裂伸长率、整张手感一致性等方面，以南阳牛皮为最好，且每张得革也以南阳牛皮为最多。

4. 繁殖性能

南阳牛性成熟较早，但繁殖能力稍差。母牛一般 8～12 月龄开始发情，适宜配种时间为 24 月龄，发情周期 17～25 天，发情持续 1～3 天，妊娠期平均 289.8 天，产后第一次发情约 77 天，利用年限 5～7 年，年产 1 犊或 3 年 2 犊，终生产犊 10 头左右。公牛一般 10～12 月龄性成熟，24 月龄配种，最佳利用年龄为 3～6 岁。

5. 适应性及饲养管理

南阳牛耐粗饲，适应性强，在严寒和炎热地区均能正常生长发育和繁衍后代。南阳牛以舍饲为主，产区农业发达，农产品种类多，饲料资源丰富。当地群众饲养管理相当精细，实行多种饲料搭配，粗饲料以秸秆、藤蔓为主，补充青绿饲料和精饲料，精饲料主要为玉米、豆类、棉籽饼等，豆类一般磨浆后饲喂。

八、郏县红牛

1. 产地与分布

郏县红牛主产于河南省平顶山市郏县、宝丰、鲁山 3 县，分布于毗邻的 10 余个县（市、区）以及洛阳、开封等地区部分县境，是在当地优越的生态环境下，经过劳动人民长期精心选育而形成的地方黄牛品种，2006 年被列入国家级保护品种名录。产区地处暖温带南部，气候温和，年平均气温 14.6℃，雨量充沛，年降水量 760 毫米，无霜期长达 210～220 天。河流纵横，水草丰盛，天然牧草种类繁多，除大部为禾本科外，尚有野苜蓿、野豌豆等豆科牧草，为养牛提供了良好的放牧条件。农业生产较发达，作物种类多，饲料来源广，加之采取舍饲与放牧相结合的饲养方式，使牛只长期得到丰富的营养与良好的锻炼。这是形成郏县红牛体质结实，肌肉发达，结构匀称，后躯发育较好的主要条件。产地地势复杂，土质不一，沙质土和黄黏土地带耕作负担量大，工具笨重，这就需要体大力强的役牛，因之，群众有选留大牛、壮牛的习惯。

2. 体型外貌

郏县红牛（图 2-4）外貌比较一致，体格中等，体质结实，骨骼粗壮，体躯较长，从侧面看呈长方形，具有役肉兼用体型。垂皮较发达，肩峰稍隆起，尻稍斜，四肢粗壮，蹄圆大结实。公牛鬐甲宽厚，母牛乳房发育较好，腹部充实。毛色有红、浅红及紫红 3 种。红色占 48.51%，浅红占 24.26%，紫红占 27.23%。红色和浅红色牛有暗红色背线及色泽较深的尾帚，部分牛的尾帚中夹有白毛。郏县红牛由于未经系统选育，故角形很不一致，以向前上方弯曲和向两侧平伸者居多，而向前下方弯曲者，在母牛中亦不少见。角偏短、质细密、富光泽，色泽以红色和蜡黄色，角尖呈紫红者为多。

公

母

图 2-4　郏县红牛

3. 生产性能

郏县红牛肉用性能好，皮薄、肉嫩、色泽鲜红、肉的大理石花纹明显，肉味香醇，很受国内外市场的青睐。郏县红牛经短期育肥后，平均屠宰率 57.75%，精肉率为 44.82%，胴体产肉率可达 82.66%。

4. 繁殖性能

郏县红牛母牛初情期为 8～10 月龄，初配年龄为 1.5～2 岁，使用年限一般至 10 岁左右，繁殖率为 70%～90%，产后第一次发情多在2～3 个月，3 年可产 2 犊，犊牛初生重 20～28 千克。母牛配种不受季节限制，一般多在 2、8 月配种。公牛 12 月龄性成熟，2 岁开始配种，一头公牛可负担 50～60 头，最高可达 150 头。一次射精量 3～10 毫升，精子密度 5 亿个/毫升以上，原精子活力 0.7 以上，精子耐冻性良好。

5. 适应性及饲养管理

郏县红牛具有良好的耐粗饲，抗病力强，使役持久力强，不易疲劳等特点。

九、晋南牛

1. 产地与分布

晋南牛原产于山西省汾河流域下游的晋南盆地，主要分布于运城、临汾两个地区的部分县(市)，其中以万荣、河津、临猗数量最多，质量也最好。

2. 体型外貌

晋南牛(图 2-5)体躯高大，体质结实，全身被毛以枣红色为主，鼻镜粉红色，蹄趾亦多呈粉红色。

公牛头中等长，额较宽，角多为顺风角，颈粗短，垂皮比较发达，前躯发达，背腰宽阔，肩峰不明显，臀端窄，蹄形圆大，质地致密。母牛头清秀，乳房发育较差，乳头较细小。农民选种标准为“狮子头，虎身子，前裆能过斗，后裆塞下手”，母牛臀宽、乳房大。

公　　　　母

图 2-5　晋南牛

3. 生产性能

晋南牛产肉性能较好，成年牛育肥屠宰率平均 52.3%，平均净肉率 43.4%。据黄应祥等报道，断奶犊牛育肥 182 天，平均日增重 961 克，平均屠宰率 61%，平均净肉率 51.4%。阉牛经 115 天育肥，18 月龄活重可达 373.9 千克，屠宰率 58.5%，净肉率 50.1%，平均日增重 636 克，眼肌面积平均为 90.76 厘米^2。母牛在同样条件下育肥，18 月龄活重 347.7 千克，屠宰率 58.4%，净肉率 50%，平均日增重 640 克，眼肌面积 90.99 厘米^2。

晋南牛整个泌乳期平均产奶量 745 千克，乳脂率 5.5%～6.1%。

4. 繁殖性能

晋南牛母牛一般 9～10 月龄发情，但发情症状不明显，24 月龄配种，利用年限 5～7 年，产犊间隔 14～18 个月，妊娠期 287～297 天，终生产犊 7～9 头。最高纪录活到 25 岁，终生繁殖 18 胎。

5. 适应性及饲养管理

晋南牛产区为历史悠久的农业区，气候温和，农业发达，主要作物为小麦和棉花，又有大面积的草场，加之当地农民素有种植苜蓿的习惯，为晋南牛的生长发育提供了丰富的优质饲料饲草资源。

晋南牛饲养普遍采用舍饲和放牧结合的方法，枯草期将苜蓿和麦秸混合调制青干草作为粗饲料。

十、草原红牛

1. 产地与分布

草原红牛主要分布在内蒙古中部各盟、吉林省白城地区、河北张家口地区等。它是用英国乳肉兼用型短角牛杂交改良当地蒙古牛，经级进杂交、横交固定、自群繁育和严格选择培育而成。

2. 体型外貌

草原红牛是我国培育的乳肉兼用牛品种之一，1986 年才宣告育成。草原红牛体格中等，呈兼用牛体型，头轻，大多有角，角多伸向前方呈倒八字形，并略向内弯曲，颜色为黄褐色。鼻镜、眼圈呈粉红色。颈肩宽厚，胸宽深，背腰平直，后躯略短，尾部宽平，四肢端正，蹄质结实。全身被毛颜色为紫红色或红色，部分牛的腹下或乳房部有小片白斑。

3. 生产性能

草原红牛产肉性能较好。在以放牧为主的条件下，短期育肥后 18 月龄屠宰，平均体重为 378.5 千克，屠宰率 58.2％，净肉率 49.5％；在完全放牧条件下，于秋季膘情最好时屠宰，18 月龄平均体重为 320.6 千克，屠宰率 50.8％，净肉率 41.0％。同时，皮张具有厚薄均匀、弹性好、耐拉力强等特点。草原红牛牛肉具有鲜嫩、无膻味、口感好的特点，而且脂肪颜色为白色，肌间脂肪沉积良好，适合于进行高档牛肉生产。

草原红牛泌乳性能良好。以放牧为主时产奶量变异较大，在纯放牧条件下，青草期 100 天，第 1 胎平均产奶量为 823.6 千克，乳脂率平均为 4.03％。在以放牧为主，冬、春季节适当补饲干草、青贮饲料和精料的条件下，第 2 胎 213 天平均产奶量为 1 495 千克，第 4 胎 216 天平均产奶量为 1 809 千克，第 6 胎 212 天平均产奶量为 2 149 千克。草原红牛的牛奶总干物质含量高，口感良好，适合于鲜奶饮用和制作各种乳制品。

4. 繁殖性能

草原红牛繁殖性能较好，但性成熟较晚。母牛一般 18 月龄左右到达初情期，发情周期平均为 21.2 天，发情持续时间 1～3 天，妊娠期平均为 283 天，产后第 1 次发情间隔期随分娩季节不同而有所变化。在放牧条件下，犊牛繁殖成活率为 68.8%～84.8%。

5. 适应性及饲养管理

草原红牛适应性好，耐粗饲，夏季可完全依靠放牧饲养；冬季即使不补饲，也能依靠采食枯草维持生存。对严寒、酷暑气候的耐力好，抗病力强，发病率低。草原红牛在自然放牧条件下可达到较高的生长速度。

十一、蒙古牛

1. 产地与分布

蒙古牛是中国三北地区分布最广的地方品种，在东部乌珠穆沁牛最著名，西部以安西牛比较重要。蒙古牛产于蒙古高地，在中国主要分布于内蒙古自治区及与此相邻的西北地区的新疆、甘肃和宁夏；华北地区的山西和河北；东北地区的辽宁、吉林、黑龙江等省区。

自古以来蒙古牛是中国北方游牧民族的主要家畜，牧民逐水草迁徙，养牛食肉饮酪。产地冬季温长，有的地方积雪长达 150 天，最低温度－50℃，夏季雨量集中，蚊虫繁盛，在这种条件下蒙古牛终年放牧，一般没有棚圈，20 世纪 60 年代后才有牧民定居点，开始有露天牛栏。

2. 体型外貌

蒙古牛体质结实、粗糙。公牛头短宽而粗重，额顶低凹，角长，向前上方弯曲，呈蜡黄或青紫色，角的间距短。公牛角长 40 厘米，母牛 20 厘米。垂皮不发达，鬐甲低平。胸扁而深，背腰平直，后躯短窄，尻部倾斜，后肋开张良好。母牛乳房容积不大，结缔组织少，乳头小。四肢短，多刀状后肢势。蹄中等大，蹄质结实。皮肤较厚，皮下结缔组织发达，冬季多绒毛。毛色大多为黑色或黄(红)色，次为栗色或烟熏色，也常见有花毛等各种毛色。

在体尺和体重方面以乌珠穆沁牛和安西牛为代表。乌珠穆沁牛是草原类型蒙古牛中体型最大的，而安西牛是半荒漠地区中体型最大的，后者体型偏小，不宜直接作为优质牛肉的供应品种。而森林地区的蒙古牛虽然没有品种群的报道，却有比乌珠穆沁牛更好的群体，比较符合杂交利用的目的。

3. 生产性能

蒙古牛中等营养水平的阉牛平均宰前重可达 376.9 千克，屠宰率为 53%，净肉率为 44.6%，骨肉比为 1∶5.2，眼肌面积 56.0 厘米^2。放牧催肥的牛一般都超不过这个育肥水平。母牛在放牧条件下，年产奶 500～700 千克，乳脂率 5.2%，是当地土制奶酪的原料，但不能形成现代的商品化生产。成年安西牛一般屠宰率为 41.7%，净肉率为 35.6%。

4. 繁殖性能

蒙古牛母牛 8～12 月龄开始发情，2 岁时开始配种，发情周期为 19～26 天，产后第 1 次发情为 65 天以上，母牛发情集中在 4～11 月份。平均妊娠期为 284.8 天。

5. 适应性及饲养管理

蒙古牛对严寒、酷暑气候的耐力好，抗病力强，发病率低。

十二、三河牛

1.产地与分布

三河牛是我国培育的优良乳肉兼用品种，主要分布于内蒙古呼伦贝尔盟大兴安岭西麓的额尔古纳右旗三河（根河、得勒布尔河、哈布尔河）地区。

三河牛是多品种杂交后经选育而成的。系统的选育工作已经有了几十年的历史，1954—1955年在收购本地及离境苏侨所饲养的三河牛的基础上，筹建了20个以养牛为主的国有牧场，进行有计划的选育提高。经过30多年的努力，该品种已经基本形成，1986年被内蒙古自治区政府正式验收，并命名为“内蒙古三河牛”，简称三河牛。

2.体型外貌

三河牛体格高大结实，肢势端正，四肢强健，蹄质坚实。有角，角稍向上、向前方弯曲，少数牛角向上。乳房大小中等，质地良好，乳静脉弯曲明显，乳头大小适中，分布均匀。毛色为红（黄）白花，花片分明，头白色，额部有白斑，四肢膝关节下部、腹部下方及尾尖为白色。

3.生产性能

三河牛产奶性能好，年平均产奶量为4 000千克，乳脂率在4%以上。在良好的饲养管理条件下，其产奶量会显著提高。谢尔塔拉种畜场的8144号母牛，1977年第5泌乳期（305天）的产奶量为7 702.5千克，360天的产奶量为8 416.6千克，是呼伦贝尔三河牛单产最高纪录。三河牛的产肉性能好，2～3岁公牛的屠宰率为50%～55%，净肉率为44%～48%。

4.繁殖性能

三河母牛一般20～24月龄初配，终生可繁殖10胎以上。在内蒙古条件下，该牛的繁殖成活率为60%～77%。

5. 适应性及饲养管理

三河牛耐粗饲，耐寒，抗病力强，适合放牧。在西藏林芝海拔2 000米高处，三河牛不仅能适应，而且被改良的杂种牛的体重比当地黄牛增加了29%～97%，产奶量也提高了1倍。

十三、科尔沁牛

1. 产地与分布

科尔沁牛属乳肉兼用品种，因主产于内蒙古东部地区的科尔沁草原而得名。科尔沁牛是以西门塔尔牛为父本，蒙古牛、三河牛以及蒙古牛的杂种母牛为母本，采用育成杂交方法培育而成。1990年通过鉴定，并由内蒙古自治区人民政府正式验收命名为“科尔沁牛”。

2. 体型外貌

科尔沁牛被毛为黄(红)白花，白头，体格粗壮，体质结实，结构匀称，胸宽深，背腰平直，四肢端正，后躯及乳房发育良好，乳头分布均匀。

3. 生产性能

科尔沁牛母牛280天产奶3 200千克，乳脂率4.17%，高产牛达4 643千克。在自然放牧条件下120天产奶1 256千克。科尔沁牛在常年放牧加短期补饲条件下，18月龄屠宰率为53.3%，净肉率41.9%。经短期强度育肥，屠宰率可达61.7%，净肉率为51.9%。

4. 繁殖性能

科尔沁牛繁殖能力强。公牛1岁性成熟，1.5岁开始配种；母牛1.5～2岁性成熟，2.5岁开始配种，终年发情。犊牛初生重38.1～41.7千克。

5. 适应性及饲养管理

科尔沁牛适应性强、耐粗饲、耐寒、抗病力强、易于放牧，是牧区比较理想的一种乳肉兼用品种。

十四、冀南牛

1. 产地与分布

冀南牛主要产于河北省平原南部的大名、魏县、临漳、成安、馆陶、临西、威县、广宗、平乡等县。冀南地区属于华北大平原的一部分，南部与鲁西、豫北毗连，这一带自然环境和农业生态条件等基本相似，因而产于这一带的冀南牛、鲁西牛、南阳牛 3 个品种在生态特性和生产性能等方面也基本相似；且这些地区相互之间自古以来就有密切的商业联系，牛只交流和种牛调运等互有往来，使这 3 个品种在亲缘关系上具有密切的关系。

2. 体型外貌

冀南牛一般体格中等，体质结实紧凑。背腰较平直，尻部稍倾斜。四肢粗壮，迈步较快，适于农业用途，公牛有较高的肩峰，垂皮发达，以横角和上向内曲角居多；母牛无肩峰，垂皮中等，以前向角、下向内角及横角为主。毛短而稀疏，以红、黄两色为多。角色以棕色和黑玉色为主，蹄色绝大多数为棕色带有纵向黑条纹。成年牛的角较长、稍扁、左右对称。

3. 生产性能

冀南牛成年牛屠宰率 53.5%，净肉率 46.9%，胴体产肉率达 87.6%，骨肉比 1∶7.1，眼肌面积为 74.7 厘米^2，肌肉粗蛋白质 17%，粗脂肪 29.2%。

4. 繁殖性能

冀南牛母牛周岁后有明显初情，一般两年 1 胎或 3 年两胎。

5. 适应性及饲养管理

冀南牛适应性强，耐粗饲，一年四季能很好地利用秸秆、秕壳一类的饲料，只是在农忙季节和冬季补饲少量的棉籽饼、麦麸等精料。

十五、平陆山地牛

1. 产地与分布

平陆山地牛产于山西省的平陆县。中心产区位于中条山西南端的余脉，属土石山区，地势北高南低。全县被许多南北向的沟壑分割，形成山地、垣、沟，素有"平陆不平沟三千"之说。主要农作物有小麦、玉米、谷子、豆类、薯类等，经济油料作物有棉花、花生、芝麻等，草坡70余万亩。人工栽培牧草主要是苜蓿，树叶也是发展畜牧业的饲草来源。

2. 体型外貌

平陆山地牛依体型外貌特征分为两类：一类是背腰较长的"爬山虎"，另一类是背腰较短的"圪塔牛"，其中以"爬山虎"类型为主。角中等长，一般向前上方弯曲。胸部发达，后躯发育良好，股部肌肉较充实，因而显得臀部圆深。四肢较短，端正结实，蹄坚硬耐磨。毛色不一，有黄、红、栗、草白、黑色等，以黄色和红色为最多。

3. 生产性能

平陆山地牛平陆山地黄牛产肉性能较好，净肉率达到46.8%，胴体产肉率高达87.89%，而且肉质细嫩，烹饪后味美可口。1983年日本肉牛贸易实务访华团来平陆考察，曾给予很高的评价。

4. 繁殖性能

平陆山地牛公牛性成熟为255日龄，母牛性成熟为365日龄，6～8月份发情。

5. 适应性及饲养管理

平陆山地牛是山区中原黄牛中发育比较粗大、背腰较长的品种，能适应当地的环境条件。

十六、秦川牛

1. 产地与分布

秦川牛原产于陕西省渭河流域的关中平原,其中以咸阳、兴平、乾县、武功、礼泉、扶风和渭南等地所产的秦川牛最为著名。秦川牛又名关中牛,由“八百里秦川”而得名。关中系粮棉等作物主产区,土地肥沃,饲草丰富,农作物种类多,农民喂牛经验丰富;在这样长期选择体格高大,役用力强,性情温顺的牛只作种用的条件下,加上历代广种苜蓿等饲料作物,遂形成了良好的基础牛群。全国共有 21 个省、市、区引进过秦川牛改良本地黄牛,都取得了良好效果。在秦川牛的非中心产区,引入乳肉兼用丹麦红牛与其杂交,对于提高其后代的产奶量,改善斜尻和大腿肌肉不丰满具有良好效果。

2. 体型外貌

秦川牛体躯高大结实,骨骼粗壮坚实,体型丰满匀称,体躯较长,前躯发育良好,后躯发育欠丰满。头方正,额较宽平,颈部稍短,肩部长斜,胸部宽而深,肋骨开张良好。背腰比较宽广而平直,腹部圆大,尻大多为斜尻,长短比较适中。鼻镜大都呈肉红色,约占 63.89%,黑色、灰色和黑斑点较少,约占 36%。角比较短而钝圆,多向后或外下方稍弯曲,颜色为肉红色或近似棕色。四肢粗壮而短,蹄形较圆大,蹄叉紧,蹄壳多为紫红色,少数为黑色或红黑相间。被毛细致而有光泽,颜色以紫红色和红色为主,约占 89%;黄色较少,约占 10%。除少数个体尾稍有少许白毛外,一般全身毛色均一,膘情良好时被毛在日光照耀下闪闪发光,宛如红缎,煞是美观。上述特征可以简单地概括为一长(体躯)、二方(口和尻)、三宽(额、胸和后躯)、四紧(蹄叉)、五短

（颈和四肢）。

公牛头比较大，颈粗而短，上部隆起，肩峰高而宽，鬐甲高而厚，肉垂发达，胸部宽深，肋长而开张。母牛头部俊秀，眼睛大而圆，口方，角细致，颈厚薄适中，鬐甲低平，荐骨稍隆起。

3. 生产性能

秦川牛性情温顺，易肥育，肉用性能良好，遗传性能非常稳定。秦川牛牛肉肉质细嫩，肉味鲜美，柔软多汁，大理石花纹比较明显。据邱怀教授报道，7月龄犊牛，在中等饲养条件下饲养325天，18月龄屠宰，平均日增重公牛0.7千克，母牛0.55千克，阉牛0.59千克；平均屠宰率58.3%，以阉牛最高，为60.1%；平均净肉率50.5%，以阉牛最高，为51.7%；平均眼肌面积97.0厘米^2，以公牛最高，为106.5厘米^2。

据测定，秦川牛母牛泌乳期为7个月，平均产乳量715.8千克，平均日产奶量3.22千克。鲜奶中乳脂率平均为4.70%，乳蛋白4.00%，乳糖6.55%，干物质16.05%。

4. 繁殖性能

秦川牛繁殖性能强，性成熟较早。母牛一般9月龄出现初次发情，发情周期平均为20.9天，一般18～24月龄开始配种，平均妊娠期285天，在正常条件下可利用12～13年。公牛一般12月龄左右性成熟，适宜配种年龄为24月龄以后，利用年限一般为8年。

5. 适应性及饲养管理

秦川牛适应性很强，除热带、亚热带和山区外，均可正常生长发育，并繁衍后代。秦川牛产区为关中平原，当地农民饲养管理极为细致，犊牛补饲苜蓿，使牛体格发育强壮；成年牛常年舍饲，粗饲料主要为作物秸秆，农忙时补饲苜蓿和部分由大麦、豌豆和豆饼等组成的精料，日喂2～3次。

十七、西镇牛

1. 产地与分布

西镇牛，原名西乡牛。为全国八大良种黄牛之一。因其中心产区在陕西省汉中地区的西乡、镇巴两县，所以称为西镇牛。1966年由西北农学院邱怀教授正式命名，已正式载入《秦巴山区土特名产》和《秦巴山区家畜家禽及经济动物品种志》等书。

西镇牛是水旱兼用、肉役兼用的古老地方良种。按地理分布属华南牛类型，按产地分布属“巴山黄牛”结实型。适合山区水旱耕作，广泛分布于汉江流域的洋县、城固、郑、汉中及紫阳等县、市，为陕南山区的主要耕畜。西镇牛的产地南屏巴山，北依秦岭，中贯汉水，可终年放牧。

2. 体型外貌

西镇牛体大中等，体型方正，结构匀称，结实紧凑，体质雄健，骨骼坚实，肌肉丰满，被毛呈红黄色，高肩峰，龙门角，铁蹄子，蹄大壁薄，蹄缝紧实，以铁质蹄最好，色纯黑，俗称“黑蹄趾”。质地坚实，耐水泡，最适水田耕作，又适于山地耕作。挽力强大，行动敏捷，善于爬坡，持久力强，适应性广，耐热耐寒，繁殖力强，出肉率高。公牛颈厚而短，峰瘤（峰包）高耸，垂皮发达，胸宽深，肋骨开张，臀端宽圆，四肢粗壮。母牛体型紧凑，颈薄稍长，肩峰低薄，腹圆不垂，尻部平直。

3. 生产性能

西镇牛生长快，产肉率高，肉质良好。早在清代就以“菜牛”而著称。据1～2岁育肥牛测定，屠宰率54.2%，净肉率44.83%，胴体产肉率85.18%，骨肉比1∶4.87，眼肌面积71.24厘米^2，脂肪率3.71%。日增重公牛790.4克，母牛533克，平均627.4克。

肉质鲜嫩，肌肉紧密，脂肪均匀分布于肌肉纤维之间，具明显大理石纹，肉质极佳，是加工当地名产——“鹿麟牌”牛肉干的主要原料。含蛋白质65％以上，风味悠长，耐贮存，驰名国内，享誉三秦。

4.繁殖性能

西镇牛繁殖能力强。公牛1岁性成熟，1.5岁开始配种；母牛1.5～2岁性成熟，2.5岁开始配种，终年发情。4～9月为发情配种旺季，发情周期18～22天。妊娠期平均278天，繁殖率为34.7％，产犊率97％，初生重公犊17.7千克，母犊15.5千克。习惯哺乳期1年。周岁幼犊体重和体尺分别达到成年牛的43.5％～51％和75.4％～83.6％。公牛一般在17岁以上，母牛在12岁左右，失去繁殖能力。

5.适应性及饲养管理

西镇牛耐粗饲，饲养容易，放牧、舍饲均可，抵抗疾病能力强，对自然环境条件的应变范围宽。

十八、新疆褐牛

1.产地与分布

新疆褐牛属于乳肉兼用品种，主要产于新疆天山北麓的西端伊犁地区和准噶尔界山塔城地区的牧区和半农半牧区。分布于全疆的天山南北，主要有伊犁、塔城、阿勒泰、石河子、昌吉、乌鲁木齐、阿克苏等地区。早在1935—1936年，伊犁和塔城地区就曾引用瑞士褐牛与当地哈萨克牛杂交。1951—1956年，又先后从苏联引进几批含有瑞士褐牛血统的阿拉塔乌牛和少量的科斯特罗姆牛继续进行改良。1977年和1980年又先后从原西德和奥地利引入三批瑞士褐牛，这对进一步提高和巩固新疆褐牛的质量起到了重要的作用。历经半个世纪的选育，1983 年通过鉴定，批准为乳肉兼用新品种。

2. 体型外貌

新疆褐牛体躯健壮，头清秀，角中等大小、向侧前上方弯曲，呈半椭圆形。被毛为深浅不一的褐色，额顶、角基、口轮周围及背线为灰白色或黄白色，眼睑、鼻镜、尾帚、蹄呈深褐色。

3. 生产性能

在舍饲条件下，新疆褐牛平均产奶量为 2 100～3 500 千克，乳脂率 4.03%～4.08%，乳干物质 13.45%。个别高的产奶量可达 5 212 千克。在放牧条件下，泌乳期约 100 天，产奶量 1 000 千克左右，乳脂率 4.43%。

新疆褐牛在自然放牧条件下，中上等膘情 1.5 岁的阉牛，宰前体重 235 千克，屠宰率 47.4%；成年公牛 433 千克时屠宰，屠宰率 53.1%，眼肌面积 76.6 厘米^2。

4. 繁殖性能

在一般放牧条件下，新疆褐牛 6 月龄左右有性行为表现，但一般母牛 1 岁、体重 250 千克时初配，公牛 1.5～2 岁、体重 330 千克以上初配。母牛发情周期 21.4(16～31.5)天，发情持续期 1～2.5 天。配种方法，一般在 5～9 月配种旺期为人工授精，其他期间为自然交配。采用常规人工授精，一般一头公牛配 200 头母牛。自然交配群，一头公牛配 30～50 头母牛。繁殖成活率一般为 50%～70%，高的可达 91.8%以上，低的仅 33.5%，低的原因主要是营养不良和管理不善。

5. 适应性及饲养管理

新疆褐牛适应性强，为其他品种杂种牛所不及。它能在海拔 2 500 米高山、坡度 25°的山地草场放牧，可在冬季－40℃、雪深 20 厘米的草场用嘴拱雪觅草采食，也能在低于海面 154 米、最高气温达 47.5℃的吐鲁番盆地——“火洲”环境下生存。宜牧，耐粗的采食增膘、保膘方面与本地黄牛相同。但在冬季缺草少圈饥寒时，由于新疆褐牛个体大，需要营养多。入不敷出，比本地黄牛掉膘快，损失大。在抗病力方面，与本地黄牛同样强。

十九、巴山牛

1. 产地与分布

巴山牛主产于川、鄂、陕3省交界的大巴山区。产于四川境内的曾用名宣汉牛；产于湖北境内的曾用名郧巴牛；产于陕西境内的曾用名秦巴牛。境内山峦起伏，海拔208～2 635米，一般高度在1 000米左右，黄牛的垂直分布集中在300～1 200米的低山、中山地区。产区气候属北亚热带和南暖温带交叉地带的季风气候，四季分明。产区草山草坡面积广阔，可终年放牧。巴山牛的粗壮型分布于湖北的竹山、竹溪、房县，陕西的平利、旬阳等县；结实型分布于陕西的西乡、镇巴、城固、紫阳等县；细致型分布于四川的宣汉、达县、开江、万源、平昌等县。

2. 体型外貌

巴山牛体型长方，肌肉丰满，公牛粗壮结实，母牛细致紧凑。被毛红黄为主。公牛角有龙门、芋头等型，颈宽厚、粗短，垂皮发达，鬐甲高而宽，肩峰隆起，高大而圆，中躯较短，背腰平直，结合良好，腹部充实饱满；母牛颈较薄，稍长，肩峰低，乳房附着良好，呈碗形或梨形。

3. 生产性能

巴山牛屠宰率公牛为53.9％，母牛为54.8％。净肉率公牛为44.3％，母牛为46.2％。

4. 繁殖性能

巴山牛受胎率为91.7％，犊牛成活率为80％左右，繁殖率可达80％左右。初生公犊重为17～20.9千克，母犊为18.8千克。

5. 适应性及饲养管理

巴山牛具有耐粗饲、抗病、体质强壮结实等优良特性。

二十、盘江牛

1. 产地与分布

盘江牛主产于滇、黔、桂接壤的广大山区，主要分布于贵州的关岭等县，云南的广南、富宁等县，广西百色地区的隆林、田林、西林等县。产于贵州境内的原称关岭牛，产于云南境内的原称文山牛。产于广西境内的原称隆林牛。产区位于云贵高原南部及其边缘，一般多为海拔 800～1 250 米，境内山峦起伏，山脉自西北向东南蜿蜒，河流以南、北盘江为主，流经石灰岩峰丛区，多渗漏或潜入地下，成为伏流，形成河谷纵横、谷地山深、峰峦叠嶂的复杂地形。年平均气温多为 15～19℃，年降水量 1 100～1 500 毫米，无霜期 260～340 天。土壤多为红壤、黄壤。草场主要有低中山、中山的草丛草场、灌丛草场、疏林地草场，牧草种类繁多，以禾本科为主，生长繁盛，但易老化。

2. 体型外貌

盘江牛被毛黄色居多，其次褐色和黑色，有极少数花斑，鼻镜多数呈黑色。额平或有微凹，角形多样、均短。公牛肩峰明显，高于背线，垂皮较长，胸较深而略窄，尻部倾斜。尾根较高，尾细长，前肢正直，后肢筋腱明显，蹄质致密坚固。乳房较小，乳头细短。皮薄致密。

3. 生产性能

盘江牛公牛屠宰率为 52.1%，净肉率为 40.9%，眼肌面积为 61.2 厘米^2。

4. 繁殖性能

盘江牛性成熟 8～10 月龄，母牛 2 岁初配，公牛 2.5 岁，繁殖率为34%。

5.适应性及饲养管理

盘江牛耐粗饲,抗病力强,使役持久力强,不易疲劳。

二十一、延边牛

1.产地与分布

延边牛原产于东北三省东部,主要分布于吉林省延边朝鲜自治州的延吉、和龙、汪清、珲春及毗邻各县,黑龙江省的牡丹江、松花江、合江3个地市以及辽宁省宽甸县沿鸭绿江一带朝鲜族聚居地区也有少量分布。延边牛是朝鲜牛与当地牛杂交,并混有蒙古牛的血统,经当地群众长期选育而成。

2.体型外貌

延边牛(图2-6)属于寒温带山区的肉役兼用品种,是东北地区的优良地方品种之一。延边牛体质结实,骨骼坚实,胸深而略窄,前胸突出。头方正,额较宽平,角基粗大,多向外后方伸展呈一字形,耳较小,颈厚而隆起,垂皮比较发达,鬐甲低而宽。背腰较长而平,肋弓开张。尻长宽而略斜。四肢坚实,后肢多呈X状。蹄大而质地致密。全身肌肉发达。皮厚而富有弹力,被毛长而密,毛色多呈浓淡不同的黄色,其中黄色占74.89%,深黄色占16.3%,浅黄色占6.7%,其他毛色2.2%。鼻镜呈淡褐色,多带有黑斑点。

延边牛公牛角粗壮,呈一字形或倒八字形向后伸展,肩峰略高于背线。母牛角细而长,多为龙门角,颈脊比背线略低。

3.生产性能

延边牛产肉性能较好,在较好的饲养条件下,12月龄公牛经180天育肥至18月龄屠宰,体重为265.8千克,平均日增重813克,屠宰率57.7%,净肉率47.2%,眼肌面积75.8厘米^2。延边牛

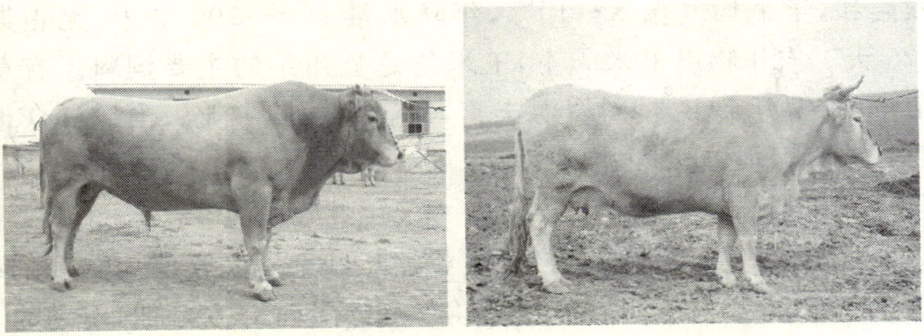

公　　　　母

图 2-6　延边牛

牛肉肉质鲜嫩多汁，肌肉断面大理石状花纹较好。

延边牛泌乳期为 6～7 个月，整个泌乳期一般产奶量 500～700 千克，优良牛产乳量可达 800～900 千克，乳脂率 5.8%～6.6%。

4. 繁殖性能

延边牛公牛性成熟期平均 14 月龄。母牛初情期 8～9 月龄，发情周期平均为 20.5 天，发情持续期 12～36 小时，平均 20 小时，发情症状停止后 3～16 小时排卵，常年发情，7～8 月份发情明显，繁殖适期为二季度配种，翌年一季度产犊。繁殖年限，种公牛 8～10 岁，母牛 10～13 岁，个别母牛可达 20 岁以上。

5. 适应性及饲养管理

延边牛具有良好的抗寒能力，耐粗饲，抗病力强，使役持久力强，不易疲劳，是我国宝贵的抗寒品种之一。

二十二、复州牛

1. 产地与分布

复州牛主要产于辽宁省的复县。复县位于辽东半岛中部，气候温和，年平均气温 8～10℃，年降水量 600～700 毫米，无霜期 175 天。农作物以玉米为主，玉米秸是复州牛的主要饲料。有草山草坡 81 万余亩，饲料资源丰富，适于发展养牛业。当地群众也素有养牛习惯，对养牛极为重视。

2. 体型外貌

复州牛体质健壮，结构匀称，骨骼粗壮。背腰平直，尻部稍倾斜。四肢健壮，蹄质坚实。公牛角短粗、向前上方弯曲，有雄性。母牛角较细，多呈龙门角。全身被毛为浅黄或浅红，四肢内侧稍淡，鼻镜多呈肉色。

3. 生产性能

复州牛平均日增重达 806.5 克，平均屠宰率为 50.7%，净肉率为 40.33%，肉骨比为 1∶4.1，眼肌面积为 59.5 厘米^2。与其他品种牛比较，屠宰率、净肉率、骨肉比和眼肌面积等项指标皆处于领先水平，只有胴体产肉率低于秦川牛 3.4 个百分点。

在一般饲养条件下，复州牛头胎母牛 180 天泌乳量为 1 648.1 千克，平均日产乳 4.79 千克，用利木赞和丹麦红种公牛与复州母牛杂交的一代牛，产乳明显增加。复州牛的突出产乳性能，不仅为初生犊牛生长发育提供了充足的奶量，而且有利于向肉乳兼用型方面改良。

4. 繁殖性能

复州牛的公母牛性成熟在 1 周岁左右，一般满 2 岁开始配种。母牛性周期平均为 22.8 天，发情持续时间为 24～36 小时，妊娠期为 286.5 天，产后第一次发情时间平均 75.5 天，发情旺季在 5～9 月份。在轻度使役情况下，一般为 1 年 1 胎。

5. 适应性及饲养管理

复州牛为地方役用良种牛，具有体型大、挽力强、耐粗饲等特点，是产区主要农耕动力和肥料来源。

第二节　肉牛的引进品种

引进品种是相对于本地品种而言的，此处专指我国从国外引进的品种。引种时可以直接引入肉用种牛，也可以引进良种肉用公牛的精液或优良肉用种牛的胚胎。引入的肉用种牛可以直接利用，也可以经风土驯化后再利用。引进的精液可以用于杂交改良本地黄牛，也可给引入的同品种的种母牛输精，进行纯繁。引入的胚胎可以直接移植给当地黄牛，用于纯繁。新中国成立以来，我国陆续引进了许多国外著名的肉牛品种，为我国肉牛养殖业的发展做出了巨大贡献。

一、利木赞牛

1. 原产地与分布

利木赞牛(Limousin)原产于法国中部阿奎屯地区的利木赞高原。该地天然草场广阔，素有发达的畜牧业。利木赞牛原为役肉兼用牛，1900 年以后着重向肉用方向选择，1924 年育成，现已成为欧洲大陆最主要的肉用品种之一。我国从 1974 年开始引进，现主要分布于山东、河南和东北地区。利木赞牛在各地适应性良好，生长发育、生产性能表现正常。该牛毛色与鲁西黄牛接近，能够明显改善鲁西黄牛后躯发育差、产肉低的缺点，已经成为山东黄牛改良的主要品种之一。

2. 体型外貌

利木赞牛(图 2-7)为世界上重要的大型肉用牛品种之一，以体型高大、生长速度快、肌肉丰满、产肉率高、肉质好而著称。

图 2-7　利木赞牛(公)

利木赞牛体型较大,骨骼细,体躯长而宽,呈圆筒状,全身肌肉丰盈充满,前、后躯肌肉发达。头短,额宽,角细,呈白色,肋骨开张,背腰平直,荐部宽大,略斜,尻平,四肢强健而细致,蹄壳为红褐色。被毛较厚,为黄红色,腹下、四肢、尾部毛色稍浅。其缺点是生长发育不够均匀,体型不太整齐。

利木赞牛公牛颈粗厚,肉垂发达,肩峰隆起,角较粗,向两侧伸展略向外卷;母牛角较细,向前弯曲再向上。

3. 生产性能

利木赞牛肉用性能好,优质肉块比重大,骨较细,胴体质量好,眼肌面积大,前后肢肌肉丰富,出肉率高,屠宰率高达 68%,瘦肉率高达 80%～85%,肉质细嫩,肉味鲜美。利木赞牛前期生长特别快,6 月龄可达 250～300 千克,平均日增重 1 494 克,8 月龄即可生产出具有大理石纹状的牛肉,是生产优质牛肉和小牛肉的理想品种。如果早期生长不能得到足够的营养,后期的补偿的生长能力较差。

利木赞牛体型大,但出生重较小,难产率低。公犊平均出生重 36 千克,母犊平均出生重 35 千克;日增重 900～1 100 克;周岁体重可达 450～480 千克。

4. 繁殖性能

利木赞牛性成熟较早,母牛初情期 12 月龄左右,适宜初配年龄 18～20 月龄,冻精配种情期受胎率 70%以上,利用年限为 5～7 年,发情周期为 18～23 天,妊娠期为 272～296 天,难产率在 2%以下。公牛性欲反应较迟缓,一般性成熟时间为 12～14 月龄,利用年限 4～6 年。

利木赞牛泌乳能力较好，成年母牛平均产奶 1 200 千克，乳脂率 5%。

5. 在我国的适应性及饲养管理

利木赞牛性情温顺，耐粗饲，抗逆性好，适应性强，各种牧草及作物秸秆均可饲喂，舍饲、放牧均可。夏季没有厌食与喘息的表现，并能正常采食；严冬在－30℃的条件下也不弓腰畏缩，不易发生感冒或卷毛现象。

二、夏洛来牛

1. 原产地与分布

夏洛来牛（Charolais）原产于法国中西部到东南部的夏洛来和涅夫勒地区，原产地属海洋温带阔叶林气候，温和凉爽，雨量充沛，土壤肥沃，农业发达，饲料条件优裕。夏洛来牛原为役用品种，1920 年育成专用肉牛品种。由于夏洛来牛具有体型大、生长快、瘦肉率高、耐粗饲、饲料报酬高等优点，现已推广到五大洲的 50 多个国家和地区。我国从 1964 年开始从法国引进该牛，用于改良本地黄牛，效果良好。杂交一代牛体格明显加大，生长速度增快，饲料报酬、屠宰率提高，但由于与本地牛杂交易造成难产，推广面受到限制。夏洛来牛适宜作为三元杂交的父本，与西杂一代母牛杂交效果更好，所生后代体型外貌、生产性能趋向父本。

图 2-8　夏洛来牛（公）

2. 体型外貌

夏洛来牛（图 2-8）是世界上著名的大型肉用牛品种之一。体躯高大而强壮，骨骼较粗，头部大小适中而短宽，额部宽广，嘴短而宽方，角比较圆长，向两侧和前方伸展，颈粗短而多肉，胸部宽而深，肋圆开张，腰部宽而肉厚，整个体躯呈典型的圆筒状肉用型体型，荐部和尻部宽长，臀部发育良好，大腿长宽而深圆，四肢长短适中，站立良好。全身肌肉发达，尤其后臀腿间肌肉发达，并向后方和侧面突出，很多牛尻部出现隆起的肌束，称为“双肌牛”。全身被毛绝大多数为乳白色或白色，少数呈枯草黄色，黏膜为浅色，皮肤为肉色，角和蹄为蜡黄色。

夏洛来牛存在的缺点是公牛常见双鬐甲和凹背，荐部较高，体型不够整齐。

3. 生产性能

夏洛来牛具有体重大，脂肪少，生长速度快（尤其是前期），饲料报酬高，屠宰率高，瘦肉率高等优良特性，平均日增重 1 000～1 200 克，屠宰率高达 60%～70%，胴体瘦肉率 80%～85%。夏洛来牛肉肌纤维比较粗糙，肉质嫩度稍差。

4. 繁殖性能

夏洛来母牛的初情期平均为 396 天，受胎率很高，但因体格高大，犊牛出生重、大，难产率也较高（13.7%），一般要求 17～20 月龄，体重 500 千克以上才可配种。我国引进的夏洛来母牛发情周期一般平均为 21 天，发情平均持续 36 小时，妊娠期平均为 286 天，产后第一次发情约为 62 天。

夏洛来牛公犊平均出生重 46 千克，母犊平均出生重 42 千克，6 月龄断奶重可高达 270～340 千克，12 月龄体重公犊 450 千克以上，14～15 月龄阉牛体重可达 495～540 千克，肥育期日增重能达到 1.88 千克。

夏洛来母牛产奶性能良好，一般一个泌乳期平均产奶量为 1 700～1 800 千克，乳脂率 4.0%～4.7%，可充分保证犊牛生长发育的需要。

5. 在我国的适应性及饲养管理

夏洛来牛对环境适应性强，耐寒、暑，冬季严寒弓腰，盛夏不会热喘流涎，采食正常。耐粗饲，适应放牧饲养。抗病力强，但在运动量不足、不及时削蹄时，个别发生蹄角质和蹄裂。夏洛来牛难产率较高，特别是初产母牛，要做好助产工作。解决难产的办法是控制孕牛食量，合理增加运动，注意膘情，勿使过肥，使初生犊牛的初生体重控制在40～45千克。

三、安格斯牛

1. 原产地与分布

安格斯牛(Angus)原产于英国苏格兰北部阿伯丁、安格斯、金卡顿等地，全称为阿伯丁-安格斯牛。原产地系高低起伏、土壤瘠薄的丘陵地带，全年气候凉爽。我国从1974年开始引进安格斯牛，主要作为父本与渤海黑牛等品种进行经济杂交。

2. 体型外貌

安格斯牛为古老的中小型早熟肉牛品种之一，以全身毛色纯黑而无角为主要外貌特征，又称“无角黑牛”，所以牛群中偶有红色犊牛出现，通常被淘汰，但后来育种家发现部分红牛生长快、肉质好，便刻意加以保存，现已育成红色安格斯牛。

安格斯牛肌肉发达，体格低矮，体质结实。头部清秀，比较小而方；颈粗短；体躯宽而深，背腰宽广平直，呈圆筒状，侧望呈长方形，腰、荐部肌肉丰满；四肢短而直，大腿肌肉发达，一直延伸到飞节；蹄质坚实；皮肤松软，富有弹性。被毛均匀，富有光泽，黑色安格斯牛毛色为黑色，部分牛下腹、脐部、乳房部有白斑；红色安格斯牛毛色为暗红色或橙红色，犊牛被毛呈油亮红色。红色安格斯牛的成年体重略低于黑色安格斯牛。

安格斯牛的缺点是骨骼较细，性情较活泼敏感。

3. 生产性能

安格斯牛体型小，成熟早，肥育性能好，肉质好，肉嫩味美，肉的大理石状花纹极好，胴体等级很高，屠宰率在60%～65%。

安格斯牛生长速度快，饲料报酬高，6月龄断奶后肥育饲养到12月龄，日增重可达1 000克以上。红色安格斯牛是世界公认的典型的肉牛品种，有优秀的肉用性能和极强的适应性，在粗放条件下饲养，屠宰率可达60%～65%，该牛胴体品质和产肉性能俱佳，被认为是世界肉牛品种中肉质最好者，其肉质适合生产东、西方两种风格的牛肉。

4. 繁殖性能

安格斯牛性成熟较早，母牛约在12月龄达性成熟，18～20月龄可初次配种，发情周期平均为21天，妊娠期平均为279天，产犊间隔12个月左右，连产性好，犊牛出生重小，难产率低，繁殖率高达95%，利用年限可达15～17年。

安格斯牛泌乳性能一般，一个泌乳期产奶量为640～720千克。

5. 在我国的适应性及饲养管理

安格斯牛体质结实，适应性很强，适于放牧管理；较耐粗饲，耐寒冷，耐干旱，抗病能力强；难产率低，分娩时一般不需要助产。但禀性神经质，易受惊吓，不易管理。冬季被毛较长，容易感染寄生虫。

四、皮埃蒙特牛

1. 原产地与分布

皮埃蒙特牛(Piemontese)产于意大利北部波河平原的都灵、米兰、克里英等的皮埃蒙特地区，是欧洲古老的品种之一，原为役用品种，20世纪70年代开始向肉用性能方面培育，现已推广到20

多个国家和地区。该牛在我国北方适应性良好，与本地牛杂交效果显著。

2. 体型外貌

皮埃蒙特牛为中型肉牛品种，整个体躯呈典型的圆筒状肉用体型。

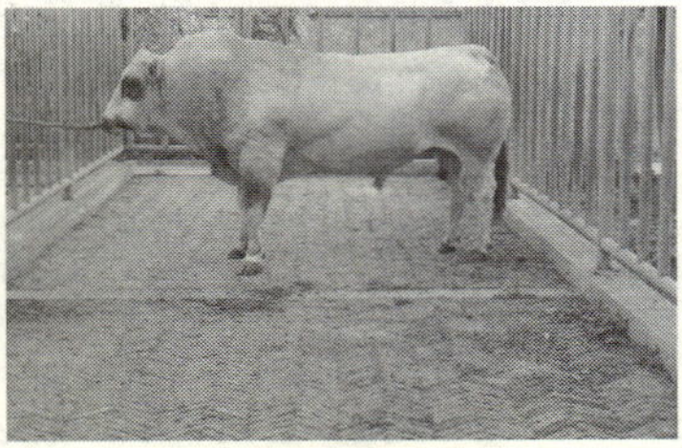

图 2-9　皮埃蒙特牛(公)

皮埃蒙特牛(图 2-9)头较短小，颈粗短，上部呈弓形，全身肌肉丰满，肌块暴露明显，胸宽深，背腰平直而长宽，肩、胸和腰部肌肉特别丰厚，尻部和后躯肌肉突出，四肢较短而细。角在 20 月龄时变为黑色，但成年牛的角基部浅黄色约占 1/3，角尖为黑色。被毛颜色特征不完全一致，基本毛色为灰白，鼻周、眼圈、嘴边、肛门边、阴门边、耳尖、尾端等处有黑毛，黏膜绝大多数有黑色素。公牛皮肤为灰白色或浅红色，头颈、肩、四肢，有时身体侧面和后腿侧面集中较多的黑色素。母牛为白色或浅褐色，也有暗灰或暗红色。犊牛刚出生时为白色或浅褐色。

3. 生产性能

皮埃蒙特牛早熟，早期生长速度特别快，0～4 月龄日增重 1.3～1.5 千克，双肌，皮薄骨细，屠宰率、胴体产肉率、瘦肉率和饲料报酬都很高，肌肉脂肪含量约 11.5%，且分布均匀，肉质细嫩，剪切力为 4.65 千克，眼肌面积大，是目前世界公认的最佳终端杂交父本之一。据意大利资料报道，该牛公牛平均日增重 1 380 克，屠宰率 66%～70%，胴体产肉率 80%左右，眼肌面积平均为121.8 厘米^2。

皮埃蒙特牛泌乳性能好，平均泌乳量 3 500 千克，虽比乳肉兼用的西门塔尔牛低 1 200 多千克，但比利木赞牛高 1 900 千克，比夏洛来牛高 1 500 千克，乳脂率为 4.17%，有利于哺乳期犊牛的生长发育。

4. 繁殖性能

皮埃蒙特牛妊娠期 289～291 天，犊牛出生重较大，公犊平均出生重为 41.3 千克，母犊平均为 38.7 千克。

皮埃蒙特牛皮肤软、薄而有弹性，是制革的上等原料。

5. 在我国的适应性及饲养管理

皮埃蒙特牛性情温顺，适应性较强，易于饲养管理。

五、西门塔尔牛

1. 原产地与分布

西门塔尔牛（Simmental）原产于瑞士西北部伯尔尼州一带，地处阿尔卑斯山的西北麓，地形起伏，气候温和，土地肥沃，牧草繁茂，有良好的天然牧场。由于其不仅具有优良的产肉性能，高产的泌乳性能，同时还具有良好的役用性能，深受世界各地的欢迎，现已在世界各国广为分布。我国从 20 世纪初引进该牛，参与三河牛的育成。新中国成立以后，又陆续引进，现已成为我国引进数量最多，分布范围最广的品种。

2. 体型外貌

西门塔尔牛是世界著名的大型兼用牛品种，原主要为乳肉兼用型，现已培育出肉乳兼用类型。

图 2-10　西门塔尔牛(公)

西门塔尔牛（图 2-10）虽为兼用牛品种，却具有欧洲典型肉用牛的体型，其体型高大粗壮，呈长方形，体躯丰满，中躯深长，肌肉发达。体格粗壮结实，头部轮廓清晰，额宽，眼大，鼻镜和眼睑为粉红色。角细致，向左右弯曲，角尖呈肉色，并向前扭转。前躯较后躯发育均衡，胸部宽深，腰宽，体躯长，呈圆筒状，尻部长宽平直，富有肌肉。蹄圆厚，蹄质结实，蹄色为浅黄或浅褐。乳房发育中等，4个乳区匀称。被毛浓密，额部和颈上部有卷毛。毛色为黄白花或红白花。表现为“六白”特征：头、尾帚及四肢胫部为白色。背和体侧大部为有色毛片，肩胛和腰部常有条状或块状白色毛片。鼻镜、眼、睑为粉红色，蹄为淡黄色及浅褐色。

西门塔尔牛公牛角左右平伸，母牛角多向前上方弯曲。

3. 生产性能

乳肉兼用西门塔尔牛产奶性能良好，平均泌乳期285天，一般产奶量为3 500～4 500千克，乳脂率3.64%～4.13%，在兼用品种中属上乘。

西门塔尔牛肌肉发达，生长速度快，产肉性能良好。胴体瘦肉多，脂肪少，且分布均匀，肉质佳，品质好，日增重800～1 150克。但因骨骼粗壮，屠宰率偏低，公牛一般为52.58%，肥育良好的阉牛屠宰率可达60%～64%。

4. 繁殖性能

西门塔尔牛性成熟较晚。母牛的初配年龄一般在2岁左右，发情周期18～22天，产后发情间隔平均53天，妊娠期为282～290天，繁殖成活率90%以上，难产率初产母牛5%，经产牛2%。如果饲养得当，可以避免难产。西门塔尔公牛性欲好，利用年限长。

5. 在我国的适应性及饲养管理

西门塔尔牛具有良好的适应性，耐热、耐寒和耐粗饲，易饲养，采食量大，吃草快，不择食，各种农作物秸秆和青杂草等均可作为饲草。

六、短角牛

1. 原产地与分布

短角牛(Shorthorn)是英国最古老的肉用品种之一,原产于英格兰东北部的诺森伯兰、达勒姆、约克和林肯等郡。短角牛分布于世界各地,20 世纪初是国际肉牛业的主要品种,有乳用、肉用和乳肉兼用 3 个品种。现在美国、澳大利亚、新西兰、日本等国较多,美国的乳用短角牛仍具有较高的泌乳性能。中国最早在 1913 年开始引入乳肉兼用型短角牛,之后在 1927 年、1929 年和 1947 年曾多次引入,饲养在吉林、内蒙古和河北等地,在改良蒙古牛的基础上,对育成中国草原红牛起重要作用。20 世纪 80 年代中期为提高秦川牛与草原红牛质量又曾引种。中国一直没有对短角牛的自群繁育进行持续的育种工作,但短角牛的一些优良性状对中国当地牛种的改良和培育起到了积极作用。

2. 体型外貌

短角牛体型较大,分有角、无角两种。无角短角牛是美国育成的,因便于管理和日增重快,而在内布拉斯加州,俄亥俄州和印第安纳州有发展,205 日龄体重可达 208 千克,居英国海岛型肉用牛种之首。有角类型的牛角短细,角形外伸稍向内弯,大小不一,颜色为蜡黄色或白色,角尖黑。

短角牛体型呈矩形,经强度育肥的牛更为突出,背宽胸深。牛头较短、额宽平、脸较窄,颈宽短而多肉,垂皮发达,鬐甲宽厚,肋骨拱圆、开张,四肢短,肢间距宽。毛色多为深红色或酱红色,部分为沙毛,即白色与红色共显性毛色,或白毛。乳用短角牛体格较纯肉用的高大,体躯长,颈较长而薄,乳房发育良好。

3. 生产性能

兼用型牛胴体品质良好,肌纤维较细,肉质较好。育肥牛屠宰率为65%，净肉率为46.39%。但皮下脂肪特别厚，可达2～3厘米，体腔内脂肪过多。

乳用短角牛成年牛平均产奶4 748千克，乳脂率3.68%。

4.繁殖性能

短角牛性成熟早，8月龄即可发情，周期平均21.9天，老龄牛发情持续期为25.6小时，青年牛为36小时，妊娠期为282.6天，自然双胎率为9.52%，我国引进的短角牛繁殖率为91.93%。

5.在我国的适应性及饲养管理

短角牛禀性温顺，对不同的风土气候较易适应，耐粗饲，生长发育较快，成熟较早，抗病力强，放牧性能好，能在内蒙古炎热的夏天气温21～23℃（最高可达42.5℃）和严寒冬季气温－12～－24℃（最低可达－45.5℃）的草原气候条件下放牧能够适应生存。

七、德国黄牛

1.原产地与分布

德国黄牛（German Yellow）也叫格菲牛（Gel-Fee），原产于德国拜恩州的维尔次堡、纽伦堡、班贝格、特里尔和卡塞尔等地及奥地利毗邻地区，主要分布在德国巴伐利亚州的符次堡地区。德国黄牛有3个品种，法兰康牛、兰德温牛、格兰顿涅尔堡牛，其中以法兰康牛为该品种代表。关于德国黄牛的育成，一些研究者认为是由褐牛同当地牛杂交而成，但多数人认为该牛含有较多的西门塔尔牛血统。该品种最早从役用、肥育性能方面选育，以后又集中选育产乳性能，结果成为现在早熟、体型大的兼用型牛。近年来趋向纯肉用选育，受到欧洲、美洲一些国家的欢迎和重视。

2. 体型外貌

德国黄牛属乳肉兼用品种。与西门塔尔牛血缘相近，体型与西门塔尔牛相似，育种中可能大量用过西门塔尔牛。

德国黄牛体躯较长但欠宽阔，后躯发育良好，全身肌肉丰满，四肢姿势良好，蹄质坚实，颜色为黑色。全身毛色为棕黄色到红棕色，眼圈附近颜色较浅。成年公牛活重 1 000～1 300 千克，母牛 600～800 千克；公牛体高为 145～150 厘米，母牛为 130～135 厘米。

3. 生产性能

德国黄牛无论是产奶还是产肉性能都略低于西门塔尔牛。据有产奶记录的 30 万头母牛的统计，年平均产奶量 4 164 千克，乳脂率 4.02%。

在最近半个世纪的纯繁工作中，德国黄牛主要进行了肉用性能的选育，特别是注意了对德国黄牛后躯的改进，日增重达到了欧洲大型肉牛的良好水平。据测定，德国黄牛出生重为 40.8 千克，6 月龄断奶重 231 千克。公犊从 112 日龄开始育肥至 330 日龄，平均日增重高达 1.317 克。去势小公牛肥育至 18 月龄，体重可达 600～700 千克，公牛 13 月龄体重 500 多千克，16 月龄体重 550 千克，屠宰率 62.2%，瘦肉率 68.2%。经选育的德国黄牛眼肌面积较大，体重 336 千克时可达 91.8 厘米^2。

4. 繁殖性能

德国黄牛繁殖性能比其他主要的欧洲品种要好。母牛初情期为 326 日龄左右，发情表现明显，易于检测，情期受胎率为 75%～85%，18 月龄受胎率为 93.2%，经产母牛产后恢复很快，产后第一次发情早，难产率低。公犊平均初生重 42 千克。

5. 在我国的适应性及饲养管理

德国黄牛性情温顺，易于管理，耐粗饲，适应范围广，具有较好的耐热抗寒性。

八、海福特牛

1. 原产地与分布

海福特牛(Hereford)原产于英国英格兰西部的海福特地区，是世界上最古老的早熟中小型肉牛品种，并以其生长快、早熟易肥、肉质好、饲料报酬高等优良的种质特性驰名全球，被广泛引入许多国家，在世界肉牛业发展中起了重要作用。我国从1964年开始引进。

2. 体型外貌

海福特牛属中小型早熟肉牛品种，其外貌特征是，头短，额宽，角呈蜡黄色或白色并向两侧伸展，微向下弯曲，颈短厚，颈垂发达，躯干肌肉丰满，肩峰宽大，胸宽而深，肋骨开张，背腰直面宽阔，臀部丰满，四肢粗短。整个体躯呈典型的长方形肉牛体型。被毛为浓淡不同的红色，并具"五白"(四肢下部、腹下部、颈下部、鬐甲和尾帚呈白色)的特征。

3. 生产性能

海福特牛肥育年龄早，增重较快，饲料利用率高。200天体重达311千克，日增重1.12千克，400天活重480千克。一般屠宰率60%～65%，在良好育肥条件下可达79%，肉质柔嫩多汁，味美可口，呈大理石状纹。

海福特牛与我国黄牛杂交效果较好。海杂牛一般表现出生长快、耐粗饲、抗病、抗寒、适应性好及肉质佳等优点，但在坡地放牧时较其他杂种牛行动慢。各地海杂一代牛体型外貌均近似父本，体躯低矮，呈长方形，头短宽，背腰宽平，全身发育匀称，肌肉丰满，四肢粗短，毛色多为红白花或褐白花，半数一代杂种还具有"五白"特征。杂种牛生长发育快。杂交效果显著，一代杂种阉牛平均日增重988克，18～19月龄屠宰率为56.4%，净肉率为45.3%。

4.繁殖性能

海福特牛小母牛6月龄开始发情，育成到18月龄，体重达500千克开始配种。发情周期21(18～23)天。持续期12～36小时。妊娠期平均277天，范围260～290天。

5.在我国的适应性及饲养管理

海福特牛性情温顺，合群性强，适应性也强，且具有结实的体质，耐粗饲，不挑食，放牧时连续采食，很少游走。不易患病，但易患裂蹄病和蹄角质增生病。

九、婆罗门牛

1.原产地与分布

婆罗门牛(Brahman)是美国南部地区瘤牛，采用1854—1906年从印度引进的吉尔牛(Gir)、坎克瑞吉牛(Kankre)、昂果尔牛(Ongole)、克里希那河牛(Krishna Valley)，可能还有一些纯种英国牛，杂交选育而成。19世纪末初步形成一个品种，1924年成立品种协会。在婆罗门牛的选育过程中，以肉质、出肉率、产犊顺利度和耐热抗蜱性能为主的选择。良好的耐热性、抗焦虫病及抗体外寄生虫病的能力，耐粗饲能力，良好的环境适应能力和出肉率，以及与血缘较远的普通牛品种明显的杂种优势，使其在现代肉牛品种的培育和优质肉牛生产中占有不可忽视的作用。

2.体型外貌

婆罗门牛(图2-11)在体形特征上保留着瘤牛的特点，耳大而下垂，瘤峰高耸，巨大的肉瘤位于颈后缘，颈垂和脐垂十分发达，往往前后连成一大片垂皮。体型中等，体躯较短，较狭窄，尻部倾斜，四肢较长，皮肤较松弛。毛色较为复杂，主要为红色、黄色、灰白色，也可见灰色、棕色、黑色、花斑和沙毛。公牛颈部和瘤峰部毛色大多较深，呈现晕色。

公

母

图 2-11　婆罗门牛

婆罗门牛气质较敏感，胆小，反应快，较神经质。深色素的皮肤和柔滑的被毛使其避免了阳光的伤害，它们无眼癌和其他眼部疾病的困扰。

3. 生产性能

婆罗门牛成年公牛体高 150 厘米，活重 900 千克。出肉率高，胴体质量好，肉质超过印度瘤牛。耐苦，对饲料条件要求不严，能很好地利用低劣、干旱牧场上其他牛不能利用的粗糙植物。也能适应围栏肥育管理，并具有很快上膘的性能。耐热，不受蜱、蚊和刺蝇的过分干扰。

婆罗门牛与云南黄牛杂交，其后代的初生体重、6 月龄体重、1 岁体重、2 岁体重、3 岁体重和成年体重(4 岁及 4 岁以上)比云南黄牛分别提高 41.72%、37.38%、29.72%、21.32%、12.43%和 13.89%；屠宰率、净肉率比云南黄牛分别增加 6.5%和 5.5%。

婆罗门牛、墨累灰牛和云南黄牛进行三品种杂交，其后代(BMY 牛)的初生体重、6 月龄体重、1 岁体重、2 岁体重、3 岁体重和成年体重(4 岁及 4 岁以上)比云南黄牛分别提高 65.97%、43.97%、30.22%、18.02%、10.93%和 21.91%。24 月龄，草场放牧加精料补饲育肥牛(未去势)平均体重 638 千克，公牛体重 650 千克。推广应用至中海拔(2 000 米左右)的寒温带环境和低海拔的热区环境中进行饲养,均表现出良好的适应能力和生产性能。

4. 繁殖性能

婆罗门牛性成熟为中晚熟,生育期比其他欧美品种牛长 50%,一生所产牛犊总数为欧洲牛多 50%~60%,是牛属动物中较为宝贵的经济性状。母牛难产率极低,分娩后护仔性强,泌乳能力较好,犊牛生长发育快,成活率高。

5. 在我国的适应性及饲养管理

婆罗门牛草地放牧觅草能力强,耐热,抗焦虫病及抗体内外寄生虫病的能力较强,优于非瘤牛品种。在贫瘠、干旱环境条件下,生产性能远远超过其他品种牛。在极端高温环境中,仍然具备繁殖后代的能力。

第三节 肉牛的杂种优势利用

我国原有的黄牛品种以役用为主,随着农业机械化的普及,其役用功能逐渐下降。而随着人们生活水平的稳步提高,对肉、乳的需求量越来越大。因此,我国黄牛改良的方向是迅速提高肉用性能和乳用性能。通过引进国外良种肉牛,杂交改良本地黄牛,是迅速提高黄牛质量,增加产肉量,加速肉牛业发展的必要措施。所谓杂交是指不同品种、品系或品群之间的相互交配。根据杂交的目的不同,杂交可分为以育种为目的的育成杂交和以商品生产为目的的经济杂交。育成杂交主要是利用引进品种的某些优良性状,经济杂交主要是利用品种杂交后的所产生的杂交优势。杂交改良则是指通过杂交的手段来提高、改善后代的一个或多个性状。

一、杂交方向

(一)大型肉役兼用品种

对于鲁西黄牛、秦川牛等大型肉役兼用品种，一方面进行本品种肉用性能的选育提高，另一方面可以适当引入外血，进行导入杂交，改善产肉性能，培育新的肉牛品系。在不进行选育和导入杂交的地区，可以利用引进的肉牛品种直接进行杂交，杂交后代全部用于育肥，以充分利用肉用杂交优势。条件成熟时，也可以利用杂交后代进行肉用新品种的选育。

(二)中小型地方牛

对于那些适应各地特点的中、小型地方牛，用引进的肉牛直接杂交，充分利用本地牛适应性强、引进肉牛产肉性能好的优点，迅速提高牛肉产量，满足市场需求。条件成熟时，可以有目的的培育含地方牛血统，适应我国饲养管理条件的引进肉牛的新品系。

(三)乳牛的培育

在乳品需求量较大的地方，可以用引进的乳肉兼用牛杂交改良本地黄牛，使其乳、肉性能同步提高，以满足不同的需求。条件成熟时，利用杂交后代进行乳肉用兼用新品种的选育。在部分地区，也可以直接用高产乳牛品种改良，主要提高产奶量，经过3～4代级进杂交后形成专用乳牛群，进而培育适合我国条件的乳牛品种。

二、杂交组合

要想获得理想的杂交效果，必须精心选择适宜的杂交组合。

好的杂交组合可以充分发挥杂交亲本双方的优良特性，不恰当的杂交组合，不仅不能取得正面效果，有时反而会出现杂交劣势。恰当的杂交组合主要根据以下因素确定。

（一）杂交亲本

不同的杂交亲本具有不同的体型外貌和性能特点，在进行杂交时应区别对待。例如，渤海黑牛体型较小，就不能采用夏洛来牛等大型肉牛品种进行杂交。母牛一般应选择本地区数量多，适应性强，繁殖力和母性好，泌乳能力强的品种。公牛应选择生长速度快，饲料报酬高，胴体品质好，与母牛体型相符的品种。

（二）杂交目的

要想达到的杂交目的不同，所选用的杂交组合也不一样。如要重点提高本地黄牛的产肉性能，杂交后代不留种，全部用于育肥，只要采用体型相近、肉用性能良好的公牛杂交即可，所选品种的多少、毛色等其他因素都没有限制。如果要兼顾育种的需要，特别是以育种为目的时，不仅要求公牛产肉性能良好，还要严格控制所选品种的个数，注意公牛的毛色要与母牛一致，适应性要良好等。

（三）环境因素

环境因素对杂交优势的表现有很大的影响，主要表现为饲养条件和环境温度两个方面。在营养恶劣的地区，就尽量不要选用对营养条件要求很高的品种杂交改良本地牛；在营养条件良好的地区，就尽量不要选择耐粗饲，饲料报酬低的品种。在严寒地区，就不能选择不耐低温的品种，同样，在高温地区，就不能选择不抗热的品种。否则，杂交后代不但不能表现杂交优势，反而可能出现生产性能下降。

(四)杂交效果

杂交效果是决定杂交组合的最终因素,任何杂交组合确定以后,都要通过杂交效果来检验。不同的品种杂交效果差异很大,杂交目标确定以后,应选用不同的品种作杂交亲本进行杂交试验,根据杂交后代测定结果的对比,选择杂交效果最好的杂交组合作为最优杂交组合。

杂交效果主要根据后裔测定来确定。以提高肉用性能为主的,应重点测定出生重、断奶重、周岁重、饲料报酬、屠宰率、净肉率、胴体产肉率、眼肌面积、优质肉比重、大理石花纹、脂肪颜色和综合经济效益等指标。以提高产奶量为主时,应重点测定泌乳性能、各胎次产乳量、乳脂率、4%标准乳量和综合经济效益等指标。

三、杂交改良方法

确定了最佳杂交组合后,还应选择合适的杂交改良方法。不同的条件下杂交改良的方法也不同。杂交改良的方法很多,应根据不同的杂交目的确定适宜的杂交方法。杂交的目的一般是为培育新的品种和获得更高的经济效益,因此杂交的方法也分为育种杂交和经济杂交两大类,每一类又包括很多方法。育种杂交与经济杂交的区分不是很严格,它们包含的很多方法都可以互用。

(一)育种杂交

育种杂交主要包括导入杂交、育成杂交、顶交和级进杂交等。

(1)导入杂交　是在保留原品种基本性状的基础上,引入部分外来血统改变其少数不良性状的杂交方法。导入杂交的优点是不改变原有的育种方向，可保留原品种的大部分优点。导入杂交一般只在本品种选育很难或不可能克服原品种的缺点时采用。例如，我国的地方优良品种鲁西黄牛、秦川牛等，本身体躯高大粗壮，肉役兼用性能好，但后躯发育较差，尖尻、斜尻这些缺点通过本品种选育很难得到改善，通过引进这些性状优良的品种进行导入杂交，就可迅速纠正这些缺点，提高产肉性能。

进行导入杂交后，应尽快恢复原品种固有的不在改良范围内的性状。为了缩短这个过程，所选用的导入品种除了要具有所需要的优良性状外，其他性状应尽量与原品种相近。如果无法找到合适的品种，也应尽量在导入品种选择和原品种更为接近的品系或个体。导入杂交时引入的基因(外血)所占比例不能超过 1/4。当基因达到适宜的比例后，即可通过自群繁育进行固定。

(2)育成杂交　是利用多个品种杂交来培育新品种的方法，常在自然条件恶劣，级进杂交无法取得进展时采用。育成杂交最少应用 3 个品种，多的能达到十几个品种，如我国的部分地区的黑白花奶牛，就是由多个品种杂交育成。育成杂交具有较大的灵活性，一旦杂交后代符合育种目标，即可进行自群繁育。

(3)级进杂交　其方法是先用 A 品种公牛与 B 品种母牛杂交，杂交一代母牛再与 A 品种公牛杂交，所生杂交二代母牛继续与 A 品种公牛杂交，直至达到出现符合要求的后代为止。级进杂交可以到两代，也可以到三代、四代……目前，级进杂交是国内外最常采用的一种杂交育种方法。一般是级进杂交到三代、四代后，进行自群繁育，横交固定，以培育新的品种。杂交代数过高，杂交优势会逐渐减弱，杂交后代往往出现适应性和生活力下降，患病率增加等现象。

(4)顶交　是指用近交系公牛与无亲缘关系的非近交系母牛交配进行育种的方法。这种杂交方法一般只在近交系母牛繁殖性能和生活力很差的情况下采用。

(二)经济杂交

经济杂交主要包括简单杂交、三元杂交、多元杂交、轮回杂交和回交等。

(1)简单杂交　又称二元杂交或单杂交,是最简单、最常用的杂交方式,可以是两个品种杂交,也可以是两个品系或品系与品种杂交。简单杂交产生的杂交后代大都具有很强的杂交优势,一般不做种用,全部用于育肥。如果留种也只是留母牛进行下一步杂交。目前,我国肉牛杂交改良还多停留于此阶段。

(2)三元杂交　是指三个品种或品系间的杂交,一般是先用两个种群杂交,产生具有显著杂种优势的后代,再与第三个种群配种,产生三元杂交后代。三元杂交可获得较高的杂交优势,但在黄牛改良中应用比较繁琐。山东省目前进行的三元杂交主要是利木赞×西本、皮埃蒙特×西本、西门塔尔×利本、德国黄牛×利本、夏洛来×西本。国外较多的采用一种非常简单的三元杂交方法——终端杂交。终端杂交是指 A 品种公牛与 B 品种母牛杂交,杂交后代公犊全部用于育肥,杂交母犊留种作为繁殖母牛,再与 C 品种公牛杂交,生产的杂交后代全部用于育肥。

(3)多元杂交　是指四个或四个以上品种、品系间的杂交。多元杂交能获得比三元杂交更高的杂交优势,但应用极为复杂,目前,国内在牛上还极少采用。国外现在已应用于肉牛合成系育种,并获得了成功,其做法是一般选择 4 个或 6 个品种,先两两杂交,获得杂交一代牛后,再采用简单杂交或三元杂交的方式,获得杂二代或杂三代牛,然后进行横交固定,培育新的品种。

(4)轮回杂交　轮回杂交有很多种,以两品种和三品种轮回杂交比较常用。两品种轮回杂交是指 A 品种公牛与 B 品种母牛杂交,杂交一代母牛再与 B 品种公牛杂交,杂交二代母牛再与 A 品种公牛杂交,如此往返循环。三品种轮回杂交则是在获得杂二代母牛后，不与A品种杂交，而是与C品种杂交，获得杂三代母牛后再与A品种杂交，依次循环。轮回杂交不需要专门饲养纯种母牛，只需饲养少量纯种公牛即可避免过度近交，使后代始终保持一定的杂交优势，可大大节约饲养成本。

(5)回交　是指A品种公牛与B品种母牛杂交，杂交一代母牛再与A或B品种公牛杂交，杂交一代公牛与A或B品种母牛杂交，杂二代全部用于育肥的杂交方式。目前，国内外采用较多的是只用杂一代母牛与亲本公牛杂交，其优点是可以充分利用母牛的繁殖杂交优势，减少纯种牛饲养数量，降低饲养成本。

杂交改良的各种方法不是相互孤立的，在实际生产中，很多方法可以结合或交叉使用，以获得更好的杂交效果。

第四节　地方品种的保护利用

我国具有丰富的肉牛地方品种资源，它们普遍具有耐粗饲，抗热、耐寒性能好，抗病力强，肉质细嫩，肌纤维细，口感好，脂肪分布均匀，适应性好，耐粗放管理，遗传性能稳定等优点，如鲁西黄牛、秦川牛、晋南牛、延边牛、南阳牛等。这是一笔宝贵的财富，是我国将来肉牛养殖业发展必不可少的物质基础，必须放在战略高度上加以妥善保存。对于这些品种的利用途径主要有本品种选育提高，作为杂交改良的亲本，或品种资源保存的材料等。

一、本品种选育提高

本品种选育一般是指在品种内部通过选种选配、品系繁育、改善培养条件等措施，以提高品种性能的一种方法。通过本品种选育一方面可以保持和发展品种原有的优良特性，增加优良个体的比例；另一方面可以淘汰不良个体，克服存在的某些缺点。我国原有地方黄牛品种多为役用品种，但又都具有较好的产肉性能，通过本品种选育，有重点地选择肉用性状，可以迅速提高本地黄牛的产肉性能，使其成为肉用品种。

进行本品种选育不能随心所欲，必须遵循一定的实施方案，有计划地进行。

(1)明确选育目标　选育目标很大程度上决定着选育的效果。我国本地黄牛选育的主要目标是在保留和加强原有耐粗饲、抗逆性强的基础上，重点改善产肉性能。

(2)保持适当的数量　我国本地品种一般数量较多，工作的重点应放在选优去劣上，但一个品种必须保持一定的数量，特别是种公牛的数量不能太少。

(3)重点提高质量　好的质量不仅表现在本身的生产性能高，还应具有良好的种用价值，即具有较高的品种纯度和遗传稳定性，杂交时能表现出较好的杂交优势。我国本地黄牛大都存在产肉性能差，品种纯度差，遗传性能不很稳定等缺点，因此，在选育时应把工作的重点放在提高质量上。

(4)正确处理一致性和异质性　品种的一致性是其共性的体现，也是其识别的特征，而异质性是品种不同类型的反映，这种异质性是品种发展的基础。在选育时，应在做到主要性状趋于一致的基础上，使品种的异质性系统化、类型化，以便为以后开展品系间杂交，提高品种质量提供基础。

二、作为杂交改良的亲本

我国具有鲁西黄牛、秦川牛、南阳牛等著名的大型肉役兼用地方品种，它们都具有耐粗饲、适应性强、肉质好和遗传性能稳定等优点，既是良好的杂交父本，也是良好的杂交母本。同时我国还具有众多的适合区域环境的地方牛，它们通常具有耐粗放饲养管理、抗逆性强、抗某些特定疾病等优点，但通常个体较小，遗传性能不稳定，不能作为杂交的父本，是较好的杂交母本。在杂交改良时，既可以用鲁西黄牛等地方大型优良品种做父本，也可以用引进的优良肉牛品种做父本。

三、作为品种资源保存的材料

一个品种包含着许多基因，它们能在不同的环境条件下发挥作用，并表现出相应的生产性状。这些性状有些是我们所需要的优良性状，有些是我们希望改良或淘汰的性状。但这些性状的优劣是相对的，随着社会的发展变化，人们的需求也是不断变化的，过去要淘汰的性状，今天可能成为稀有的优良资源，今天优良的性状，明天可能不适应市场的需求。因此，必须尽可能的保存现有的各种性状。

一般的品种资源保存是指保护现有品种，使之免遭混杂或灭绝，但这种保存一是所需费用巨大，二是不能保证所有的性状都得以保留。因为保种的要求是保留所有的现有性状，要使基因库中的所有基因都不丢失，这就要求必须有一个足够大的群体，并实行自由交配，以消除突变、迁移、漂变和选择等因素的影响。但在实践中做到这一点几乎是不可能的。随着现代生物技术的发展，人们已经找到了保种的新方法——基因保种，基因保种主要是通过建立所要保存的品种的基因库来实现的。基因保种具有费用低廉，保存不受时间限制，可以保存所有性状，所保存性状不会丢失等优点，是目前最先进的保种方法。基因保种的范围不仅限于本地品种，可以对世界上所有品种的基因进行保种存。

思考题

1. 我国肉牛业中的主要品种有哪些？其特点如何？
2. 中国黄牛有什么特点？其肉用性能如何？
3. 为什么到目前我国种牛还是依赖进口国外品种？

第三章　肉牛的饲料配制

导　　读　本章内容密切结合肉牛饲养实际，系统地介绍了肉牛饲料、饲粮的科学加工与配制方法及其在肉牛使用过程中需要注意的事项。通过本章的学习，使得饲料产业的生产、经营、管理人员和基层畜牧兽医工作者在肉牛饲料加工配制方面有较为系统的认识。

第一节　肉牛精饲料加工和配制

一、精饲料的特点和分类

（一）能量饲料

能量饲料指的是在绝干物质中，粗纤维含量低于18%，粗蛋白质含量低于20%，天然含水量小于45%的谷实类、糠麸类、淀粉质的块根、块茎、瓜果类等。常用的是谷实类及糠麸类饲料。一般每千克饲料绝干物质中含消化能在10兆焦以上，高于12.5兆焦消化能者属于高能量饲料。豆类与油料作物籽实及其加工副产品也具有能量饲料的特性，由于它们具有富含蛋白质的重要特性，故列为蛋白质饲料。

能量饲料在营养上的基本特点是淀粉含量丰富，粗纤维含量少（一般在5%左右），易消化，能值高。蛋白质含量在10%左右，其中赖氨酸和蛋氨酸较少，矿物质中磷多钙缺，维生素中缺乏胡萝卜素。

1. 谷物籽实

谷实类饲料的营养特性：谷实类饲料大多是禾本科植物的成熟种子。突出的特点是淀粉含量高，粗纤维含量低，可利用能量高。缺点是蛋白质含量低，氨基酸组成上缺乏赖氨酸和蛋氨酸，缺钙及维生素 A、维生素 D，磷含量较多但利用率低。

(1)玉米　玉米是谷实类饲料的主体，是肉牛最主要的能量饲料，含淀粉多，消化率高，每千克干物质含代谢能 13.89 兆焦，粗纤维含量很少，且脂肪含量可达 3.5%～4.5%，所以玉米的可利用能高，如果以玉米的能值作为 100，其他谷实类饲料均低于玉米。玉米含有较高的亚油酸，可达 2%，占玉米脂肪含量的近 60%，玉米中亚油酸含量是谷实类饲料是最高的。玉米蛋白质含量低，氨基酸组成不平衡，特别是赖氨酸、蛋氨酸及色氨酸含量低。维生素 A 的含量较高，维生素 E 含量也不少，而维生素 D、维生素 K 几乎不含有。水溶性维生素除维生素 B_1 外均较少。此外，玉米还含有 β-胡萝卜素、叶黄素等，尤其黄玉米含有较多的叶黄素。玉米营养成分的含量不仅受品种、产地、成熟度等条件的影响而变化，同时玉米水分含量也影响各营养素的含量。玉米水分含量过高，还容易腐败、霉变而容易感染黄曲霉菌。黄曲霉素 B_1 是一种强毒物质，是玉米的必检项目。玉米经粉碎后，易吸水、结块、霉变，不便保存，因此一般玉米要整粒保存。玉米饲喂肉牛时，最好与体积大的糠麸、燕麦混喂，稍加粉碎即可。

(2)高粱　高粱的籽实是一种重要的能量饲料。一个高粱穗一般可得 70～75 个籽实。去壳高粱与玉米一样，主要成分为淀粉，粗纤维少，可消化养分高。粗蛋白质含量与其他谷物相似，但质量较差，含钙量少，含磷量较多，胡萝卜素及维生素 D 的含量少，B 族维生素含量与玉米相当，烟酸含量多。高粱中含有单宁，有苦味，牛不爱采食，单宁主要存在于壳部，色深者含量高。所以在配合饲料中，色深者只能加到10%，色浅者可加到20%，若能除去单宁，则可加到70%。高粱饲喂肉牛，效果良好，其饲用价值相当于玉米的90%～95%，不同品种的高粱，对于肉牛的营养价值无区别，用高粱饲喂肉牛，可以带穗粉碎。

(3)大麦　大麦是一种重要的能量饲料，粗蛋白质含量比较多，约12%，同时其质量也较高，赖氨酸含量0.52%以上，这在谷料类中不易多得，可消化养分比燕麦高，无氮浸出物含量多，粗脂肪含量少于2%，不及玉米含量的一半，钙磷含量比玉米高，胡萝卜素和维生素D不足，硫胺素多，核黄素少，烟酸含量丰富。大麦生长期短，分蘖力高，适应性强，可以迟播早收。另外，它的再生能力强，及时刈割，还可以再收一茬再生草。大麦秸秆质量也好，是一种很好的青刈饲料。肉牛可大量饲喂大麦，饲喂时稍加粉碎即可，粉碎过细，影响适口性，整粒饲喂不利于消化，造成浪费。

(4)燕麦　燕麦是一种很有价值的饲料作物，可用作能量饲料、青干草和青刈饲料，其籽实中含有较丰富的蛋白质，在10%左右，粗脂肪含量超过4.5%。燕麦壳占谷粒总重的25%～35%，粗纤维含量高，能量少，营养价值低于玉米，适于饲喂肉牛。一般饲用燕麦主要成分为淀粉，因麸皮(壳)多，所以其纤维含量在10%以上，可消化总养分比其他麦类低。蛋白质品质优于玉米，含钙量少，含磷量较多，其他无机物与一般麦类相近，维生素D和烟酸的含量比其他麦类少。燕麦是肉牛的极好饲料，喂前适当粉碎可提高其消化率。

(5)荞麦　荞麦属于蓼科植物，与其他谷实类不同科。由于它的生长期比较短，只有60～80天，在大田耕作制度的安排上，利用季节的空隙抢种一季荞麦是提高复种指数的一个好措施。荞麦不仅籽实可以作为能量饲料，荞麦秸也是优良的青饲料。它的籽实也有一层粗糙的外壳，约占重量的30%，故粗纤维含量较高达12%左右。其他方面的营养特性均符合谷实类饲料的通性，其能量价值仍然较高，消化能的含量对肉牛为14.6兆焦/千克。不过荞麦籽实含有一种物质——感光卡琳，当动物采食以后，白色皮肤部分受到日光照射即发生神经过敏，并出现红斑点，严重时能影响生长及肥育效果，这种感光物质在外壳中含量较多。荞麦的蛋白质品质较好，含赖氨酸0.73%，蛋氨酸0.25%。

(6)小麦　小麦有效能值低于玉米、糙米，能值偏低的主要原因是粗纤维含量高(约2.4%)，而且粗脂肪含量少(约1.8%)。小麦粗蛋白质含量高，氨基酸组成比较合理。小麦适合于饲喂各种畜禽，但是整粒饲喂影响消化率，过碎影响适口性，故以粗碎为宜。

2.糠麸类饲料

糠麸类饲料的营养特性：糠麸类饲料包括碾米、制粉加工的主要副产品。同原粮相比，除无氮浸出物含量较少外，其他各种养分含量都较高。米糠和麦麸的含磷量高达1%以上，并含有丰富的B族维生素。因粗纤维含量较高，故消化率低于原粮，糠麸中的含磷量虽然较多，但其中植酸磷占70%，吸水性强，易发霉变质，不易贮存。

(1)糠　稻谷的加工副产品称稻糠，稻糠可分为砻糠、米糠和统糠。砻糠是粉碎的稻壳，米糠是糙米(去壳的谷粒)精制成的大米的果皮、种皮、外胚乳和糊粉层等的混合物，统糠是米糠与砻糠不同比例的混合物。一般100千克稻谷可出大米72千克，砻糠22千克，米糠6千克。米糠的品种和成分因大米精制的程度而不同，精制的程度越高，则胚乳中物质进入米糠越多，米糠的饲用价值越高。据测定，在以精料为基础日粮的条件下，砻糠的有机物质消化率仅为16.5%，仅高于木屑。新鲜米糠适口性好，各类家畜都爱好，鲜米糠含油脂较多，天热时易酸败变质，经榨油制成米糠饼再作饲用。用米糠喂肉牛可占日粮的30%，陈旧米糠喂牛易引起腹泻，新鲜米糠喂量过多时会影响牛肉的品质，往往使体脂变黄变软，脱脂米糠则无此现象，可适当多喂。

(2)麦麸　习惯上称为麸皮，是生产面粉的副产物。小麦麸的粗纤维含量较高，蓬松而容重低，具有缓泄、通便的功能。小麦麸含有较多的B族维生素。如维生素B_1、维生素B_2、烟酸、胆碱，也含有维生素E，粗蛋白和粗纤维含量都较高，有效能值相对较低。

(3)其他糠麸　其他糠麸主要包括高粱糠、玉米糠和小麦糠。高粱糠的消化能和代谢能值比较高，但因高粱糠中含有较多的单宁，适口性差，易引起便秘，故喂量受到限制。玉米糠是玉米制粉过程中的副产品，主要包括外皮、胚、种胚和少量的胚乳。在高粱糠中，若添加5%的豆粕，饲养效果可得到改善，喂肉牛效果更好。

3. 多汁饲料

主要包括块根、块茎和瓜类，如马铃薯、甘薯、胡萝卜、甜菜等。这类物质含水量为70%～90%，干物质、蛋白质、矿物质含量低，特别是钙、磷含量很低，无氮浸出物含量高，维生素含量不一，适口性和消化性好的特点。其中胡萝卜由于其含有一定量的蔗糖以及它的多汁性，在冬季青饲料缺乏，干草比重较大的动物日粮中加一些胡萝卜，可以改善日粮的口味，调节肉牛消化机能。

4. 液体能量饲料

液体能量饲料包括植物油(豆油、花生油、玉米油)和油脚(榨油的副产物)、制糖工业的副产品——糖蜜和乳品加工的副产物——乳清等。油脂是肉牛育肥的良好添加物，还可作为蛋白过瘤胃保护剂，但在饲料中的添加量不能过高。乳清是乳品加工厂生产乳制品(奶酪、酪蛋白)的液体副产物。其主要成分是乳糖残留的乳清，乳脂所占比例较小。乳清含水量高，不适于直接作配合饲料原料。乳清经喷雾干燥后制得的乳清粉是哺乳期犊牛的良好调养饲料，已成为代乳饲料中必不可少的组分。

5. 其他

干燥的面包房产品：这类产品是由面包房制作糖果、坚果等得到的。尽管回收难度大，但其所含的能量大部分来源于淀粉、蔗糖和脂肪，所以是一种非常好的饲料。众多的未利用的面包房产品给肉牛提供了相当优良的饲料。

(二)蛋白质饲料

蛋白质饲料是指粗纤维含量在18%以下，蛋白质含量在20%及以上的饲料。蛋白质饲料主要分为植物蛋白饲料、动物蛋白饲料和单细胞蛋白以及酿造工业副产物等。合成氨基酸和非蛋白氮类产品也划归本类。喂牛通常只能使用植物性蛋白质饲料、单细胞蛋白，不能使用动物蛋白饲料(除奶蛋及其制品)。

1. 植物蛋白饲料

(1)豆科籽实　这类蛋白饲料主要有大豆、花生、豌豆、蚕豆等，它们蛋白质含量丰富(20%～40%)，而无氮浸出物较谷实类低(28%～62%)，品质好，氨基酸比较平衡，赖氨酸和蛋氨酸含量较高，钙、磷含量较高，但磷多钙少。专用于饲料的豆类主要有秣食豆和黑豆，这些豆类都是动物良好的蛋白质饲料。豆类蛋白质的品质也有不足之处，就是植物蛋白质中含硫氨酸的不足。豆类饲料在生的状态下含有一些不良的物质，如抗胰蛋白酶、产生甲状腺肿的物质、皂素与血凝集素等，它们影响豆类饲料的适口性、消化性与动物的一些生理功能，这些物质经适当的热处理(110℃，3分钟)后就失去毒性。大豆和花生含油脂很高，一般不直接喂牛，而是用榨油后的副产品喂牛。近几年，国外广泛采用膨化技术对大豆进行处理，然后再喂牛，效果很好。饲用豆类，生喂饲用价值低，整喂消化率低，有的甚至不能消化。若经加工压扁或粉碎处理，消化率即能显著提高。黑豆虽是优质饲料，但也不能多喂，多喂容易引起消化障碍，同时，黑豆的营养也并不全面。

(2)饼粕类　主要是油类作物加工的副产品，种类有豆饼(粕)、花生饼(粕)、棉籽饼(粕)、菜籽饼(粕)、亚麻饼(粕)、向日葵饼(粕)、胡麻饼(粕)等。饼与粕的区别在于加工工艺不同，饼是机榨油后的副产品，粕是浸提油后的副产品，二者在成分上也有一定的差异，饼含油脂稍高，粕含蛋白稍高。饼粕类饲料蛋白质含量很高，且氨基酸组成较平衡，蛋氨酸、赖氨酸和色氨酸含量高，消化、利用率高，粗纤维含量与加工方法有关，脱壳加工的含量很低。其中豆饼、花生饼是肉牛良好蛋白质饲料，但用量很少。棉籽饼及棉仁饼来源丰富，价格低廉，是肉牛蛋白质饲料的重要来源。各类油料籽实共同的特点是油脂与蛋白质含量较高，而无氮浸出物比一般谷物类低。因此，提取油脂后的饼粕产品中的蛋白质含量就显得更高，再加上残存不同含量的油分，故一般的营养价值(能量与蛋白质)较高。由于该类饲料中含有抗营养因子，因此在使用的时候需要注意以下几项。

第一，豆饼(粕)是目前应用最广、用量最大、品质最好的植物蛋白质饲料，与玉米搭配喂牛可以弥补玉米氨基酸的不平衡，提高饲料利用率。但是大豆饼(粕)饲喂育肥牛不宜过多，因为它可以使脂肪变软，影响肉的品质。

第二，花生饼(粕)脱壳花生饼(粕)的营养价值很高，与豆饼(粕)近似，但氨基酸不平衡，赖氨酸和蛋氨酸含量低，而精氨酸含量很高，用它喂牛时，最好和其他蛋白质饲料搭配使用。花生饼(粕)易感染黄曲霉，黄曲霉产生的黄曲霉毒素毒性很强，是强致癌物质，极少量就会降低肉牛对饲料的利用率。

第三，棉籽饼(粕)是棉籽榨油后的副产品，蛋白质和粗纤维含量与棉籽壳含量密切相关。棉籽饼营养价值比豆饼低，其中赖氨酸和蛋氨酸含量较低，精氨酸含量较高，矿物质硒含量很低。棉籽饼中含有有毒物质棉酚，饲喂家畜时要经脱毒处理。

肉牛短期育肥时，可以大量利用不经脱毒处理的棉籽饼，而无不良影响。

第四，菜籽饼(粕)是油菜籽榨油后的副产品，其营养价值不如豆饼(粕)。菜籽饼(粕)含赖氨酸、蛋氨酸多，含精氨酸少，可以与棉籽饼搭配使用。菜籽饼(粕)适口性差，且含有硫葡萄糖苷、单宁和芥子碱，饲喂时喂量不能过多，最好先进行脱毒处理，脱毒的方法常用坑埋法或水浸法。

第五，亚麻饼(粕)粗蛋白含量与菜籽饼(粕)近似，但赖氨酸缺乏，蛋氨酸含量较低。亚麻饼(粕)含有一种吸水的黏性物质，可以延缓饲料在瘤胃内的排空，提高粗饲料利用率，但也含有亚麻苷配糖体和亚麻酶，在瘤胃体内会形成氢氰酸，引起中毒。因此，在饲喂前也需脱毒，脱毒常用蒸煮法。

第六，向日葵饼(粕)是指以向日葵仁(带部分壳)为原料，以压榨法或浸提法不同的工艺去油后的一种副产品。向日葵饼(粕)的蛋白质含量以浸提法较高，但氨基酸含量却低于机榨饼约20%，含有一定量的氨基酸和维生素。但是用带壳葵花饼喂肉牛，如饲喂过多，可使黄油和体脂变软，从而影响肉的质量。

第七，胡麻种子榨油的副产品即胡麻饼，是胡麻产地的一种主要的蛋白质饲料。胡麻饼可以作为蛋白质饲料饲喂肉牛，但饲喂过多，也可使体脂变软，影响肉的质量。所以，胡麻饼最好同其他蛋白质饲料混合饲喂，以补充赖氨酸等养分的不足。胡麻种子中，尤其是未成熟的种子中，含有亚麻苷配糖体，叫里那苦苷，也叫生氰糖苷，本身无毒，但在pH为5.0左右时，最容易被亚麻种子本身所含的亚麻酶所酶解，生成氢氰酸(HCN)，氢氰酸对任何畜禽都有毒。

(3)其他饼类　其他比较重要的饼粕有蓖麻饼、椰子饼和芝麻饼等。其饲用价值见表3-1。

表 3-1 其他饼粕类及饲用豆类的饲用价值

类别	干物质/%	总能/(兆焦/千克)	粗蛋白质/%	可消化粗蛋白质/%	粗纤维/%	钙/%	磷/%
蓖麻饼	93.5	18.58	35.3	—	33.3	—	—
椰子饼	91.2	17.15	24.7	197	12.9	0.04	0.06
芝麻饼	82.2	19.04	44.3	362	5.4	1.99	1.33
黑豆	91.0	21.00	37.9	300	5.7	0.27	0.52
秣食豆	88.4	19.62	34.5	280	5.9	0.06	0.57
大豆	88.0	—	37.0		5.1	0.27	0.48

2. 动物蛋白饲料

由于目前国家禁止用动物蛋白饲喂肉牛,因此这里不再介绍。

3. 单细胞蛋白饲料

主要有酵母和藻类。这一类饲料蛋白质含量很高,品质介于植物蛋白饲料和动物蛋白饲料之间,含有丰富的 B 族维生素,赖氨酸含量较高,蛋氨酸含量较低,消化率高,但利用率低,添加蛋氨酸可显著提高其利用率。饲料酵母适口性较差,在牛日粮中添加不宜过多。这种饲料的安全性主要取决于所用的菌种、底物和生长条件。

4. 鸡粪再生饲料

由于鸡的消化道短,因此其对食物的消化吸收能力比较差,粪便中含有许多未被消化的营养物质。目前许多国家都在利用鸡粪作为饲料,不过在使用前必须经过适当的处理(包括干燥法、发酵法和甲醛处理法),其营养成分要高于大麦、玉米,可以作为肉牛的部分饲料,而且饲养效果比较好。

5. 非蛋白氮饲料

非蛋白氮(NPN)泛指供饲料用的氨、铵盐、尿素、双缩脲及其他简单含氮化合物。这类化合物不含能量,只能作为微生物的氮源而间接地起到补充动物蛋白质营养的作用,因此其饲用对象主要是各种反刍动物。由于牛的瘤胃微生物的特殊功能，非蛋白质物质也是牛蛋白质的补充来源，以尿素应用最为普遍。

（三）矿物质饲料

矿物质饲料是补充动物矿物质需要的饲料。它包括人工合成的、天然单一的和多种混合的矿物质饲料，以及配合在载体中的痕量、微量、常量元素补充料。在各种植物性和动物性饲料中都含有一定动物所必需的矿物质，但往往不能满足动物生命活动的需要量，因此，应补充所需的矿物质饲料。

1.含氯、钠饲料

钠和氯都是肉牛需要的重要元素，常用食盐补充，食盐中含氯60%，含钠40%，对肉牛来说，需要钠和氯多，对食盐的耐受量也大，很少有食盐中毒的报道。研究表明，食盐的补充量与动物种类和日粮组成有关。用普通饲料喂肉牛，钠比氯更容易缺乏，肉牛比鸡和猪更需要补喂大量食盐。此外，补给食盐时还应考虑肉牛的体重、年龄、生产力、季节和水中食盐的含量等因素。应注意饲用食盐的品质，如是否含杂质或其他污染物。饲用食盐的粒度应通过30目筛，含水量不超过0.5%，纯度应在95%以上。

2.含钙饲料

（1）石粉　主要是指石灰石粉，为天然的碳酸钙。石粉中含纯钙35%以上，是补充钙最廉价、最方便的矿物质饲料。品质良好的石灰石粉与贝壳粉，必须含有约38%的钙而且镁含量不可超过0.5%，只要铅、砷、氟的含量不超过安全系数，都可用于肉牛饲料。

（2）白云石　天然的白云石经粉碎后，也能作为补钙饲料。化学成分碳酸钙和碳酸镁的复盐（$CaCO_3 \cdot MgCO_3$），有的含镁量为10%，含钙量24%左右，用来饲养肉牛，效应较差。

（3）石膏　石膏的化学式$CaSO_4 \cdot 2H_2O$，灰色或白色结晶性粉末，有两种产品，一种是天然石膏的粉碎产品，另一种是磷酸制造工业的副产品，后者常含有大量的氟，应予注意。石膏的含钙量在20%～30%，变动较大。此外，大理石、熟石灰、方解石、白垩石等都可作为肉牛的补钙饲料。

(4)蛋壳和贝壳粉　新鲜蛋壳与贝壳(包括蚌壳、牧蛎壳、蛤蜊壳、螺蛳壳等)烘干后制成的粉含有一些有机物，如蛋壳粉含粗蛋白质达12.42%，含钙达24.4%～26.5%，因此用鲜蛋壳制粉应注意消毒以防蛋白质腐败，甚至带来传染病，贝壳也有同样的问题，但海滨堆积多年的贝壳，其内部有机质已消失，是良好的碳酸钙饲料，一般含碳酸钙96.4%，折合含钙量38.6%。

微量元素预混料常使用石粉或贝壳粉作为稀释剂或载体，而且所占配比很大，配料时应把它的含钙量计算在内。

3.含磷饲料

为了补充有效的无机磷，常用磷酸盐，如磷酸的钙盐和钠盐，它们是用磷矿石或磷酸制成的，由于其中所含矿物质元素比含钙饲料复杂，因此与含钙饲料不同，补饲本类饲料往往引起两种矿物质数量同时变化。常见的含磷饲料见表3-2。

表3-2　几种含磷饲料的成分

含磷矿物质饲料	磷/%	钙/%	钠/%	氟/(毫克/千克)
磷酸氢二钠 Na_2HPO_4	21.81		32.38	
磷酸氢钠 NaH_2PO_4	25.80		19.15	
磷酸氢钙 $CaHPO_4 \cdot 2H_2O$	18.97	24.32		816.67
磷酸氢钙 $CaHPO_4$(化学纯)	22.79	29.46		
过磷酸钙 $Ca(H_2PO_4)_2 \cdot 2H_2O$	26.45	17.12		
磷酸钙 $Ca_3(PO_4)_2$	20.00	38.70		

4. 含硫饲料

肉牛的饲料中一般都含有丰富的硫，不需要另外补饲。含硫饲料很多，谷实和糠麸含硫较多，常用的补硫添加剂主要有硫酸钾、硫酸钠、硫酸铅等。

5. 含镁饲料

一般饲料并不缺镁。但是，早春牧草中镁的利用率很低，故放牧的牛以及用玉米作为主要饲料并补加非蛋白氮饲喂的肉牛，还常需要补加镁，常用氧化镁。饲料工业中使用的氧化镁一般为菱镁矿在 800～1 000℃煅烧的产物，其化学组成为 MgO 85.0%，CaO 7.0%，SiO_2 3.6%，Fe_2O_3 2.5%，$Al_2O_3$0.4%，此外还可选用硫酸镁、磷酸镁和碳酸镁等。

(四)维生素饲料

来源于动、植物的某些饲料可富含某些维生素，例如鱼肝中含有较多的维生素 A、维生素 D，种子的胚含有较多的维生素 E，酵母中含较多的 B 族各种维生素，水果与蔬菜中含有较多的维生素 C，但这都不划为维生素类。只有经加工、提取的浓缩产品和直接化学合成的产品才属于维生素。鱼肝油、胡萝卜就是来自天然动、植物的提取产品，属于此类的多数维生素是人工合成的产品。

由于各种维生素化学性质不同，生理营养功能各异，所以还不能对十几种维生素进行科学分类。目前依其溶解性将维生素分成两类：脂溶性维生素和水溶性维生素。前者包括维生素 A、维生素 D、维生素 E、维生素 K，后者包括全部 B 族维生素和维生素 C。脂溶性维生素只有碳、氢、氧三种元素，而水溶性维生素有的还有氮、硫和钴。

1. 脂溶性维生素

包括四种维生素即维生素 A、维生素 D、维生素 E、维生素 K，每种维生素又有不同结构形式的衍生物，但都有同样的功能，在生物效价方面却可能不同。

(1)维生素 A　中文名称视黄醇,维生素 A_1。视黄醇在第 3 和第 4 碳位上脱掉一个氢,即是维生素 A_2,脱氢视黄醇,同样具有维生素 A 的生物活性。

(2)维生素 D　青饲料收割后晒制干草过程中,所含的麦角固醇可转为维生素 D_2,动物经阳光的紫外线照射,可将皮肤中的胆固醇转为维生素 D_3,为动物所用,由于畜禽的集约化饲养方式,动物见不到阳光,只能从饲料中获得维生素 D。维生素 D 因侧链结构不同而有多种衍生物,最常见的为麦角钙化醇(维生素 D_2)和胆钙化醇(维生素 D_3),维生素 D_2 和维生素 D_3 都是白黄色结晶粉末,二者的熔点各为 113～118℃和 82～84℃,遇光、氧和酸可被破坏。故商品出售的饲用维生素 D 通常用抗氧化剂(BHT)保存并经明胶淀粉包被处理,制得的微粒每克效价为 50 万国际单位,这样可以较长时间(1 年)保存。1 国际单位维生素 D,相当于 0.025 微克维生素 D_3。

(3)维生素 E　天然植物饲料中谷物胚芽和油料籽实以及叶菜类,动物的内脏器官和奶中都含有较丰富的维生素 E,天然饲料组成的日粮不能全部满足动物对维生素 E 的需要。

维生素 E 的中文名称 α-生育酚。还有其他生育酚的衍生物,如 β-生育酚,α-生育酚,δ-生育酚,也具有维生素 E 的生物活性。

(4)维生素 K　中文名称为叶绿醌,天然饲料中的绿色植物中含有叶绿醌(K_1)。为金黄色稠油状物。维生素 K_3,也称甲基萘醌,不含侧链,可人工合成,饲用商品多属此类。维生素 K_2 由甲基萘醌结合多个异戊二烯单位组成侧链所构成。通常来自动物消化道内的微生物代谢产物。各种维生素 K 的相对生物效价为维生素 K_1 ∶ 维生素 K_2 ∶ 维生素 K_3 = 2 ∶ 1 ∶ 4,但对抗维生素 K 因子引起的凝血失调方面,维生素 K_3 最为有效,亚硫酸氢钠甲基醌包装完好,可保存 1 年。

2. 水溶性维生素

包括B族的各种维生素和维生素C。

(1)维生素B_1 中文名叫硫胺素，存在于谷物的外皮和胚，蔬菜和水果中也含有，动物的肝、肾和牛奶中都含有，酵母中含量甚丰，硫胺素的应用产品常是其盐酸盐和硝酸盐，二者均为白色结晶粉末。维生素B_1较耐热和耐酸，对碱敏感，在干燥空气中对氧稳定。碱性湿热条件下，维生素B_1易破坏。盐酸硫胺素的生物效价用单位毫克来计算。盐酸硫胺素和硝酸硫胺素包装完好可保存2年。

(2)维生素B_2 中文名叫核黄素，存在于所有活细胞中。其饲料来源有肝、肾、奶、蛋、鱼、绿色植物。水溶性好的核黄素衍生物-核黄素-5-磷酸钠也是常用的饲料添加剂产品。

(3)维生素B_3 中文名叫泛酸，广泛存在于绿色植物和动物的肝、肾和脑中，酵母中含量甚丰，泛酸为吸湿性很强的油状液体。饲用上多用其白色结晶粉末的钙盐和钠盐。泛醇为泛酸的衍生物，也具有泛酸的生物活性，同样也是黏稠油状液体。无论泛酸或其钙盐和钠盐，只有右旋的产物才具有生物活性，因而消旋形式产物只有1/2的活性。泛酸的生物效价以泛酸钙的重量单位毫克计量，泛酸的盐类易溶于水在pH 5～7时较稳定。泛酸对湿热不稳定，制颗粒料时有较大损失。室温干燥条件下，泛酸钙对光和氧均不太敏感，*D*-泛酸钙包装完好可保存1年。

(4)维生素B_5 中文名叫烟酸或尼克酸，代号为维生素PP，同功物为烟酰胺，前者存在于植物饲料中，多为结合形式而生物效价较低，后者存在于动物产品中，二者均为白色针状结晶，性质稳定，耐酸、碱、光、热和氧。维生素B_5的生物效价以重量单位毫克计量，包装完好可保存1年以上。

(5)吡哆素 中文名叫维生素B_6，有三种同功物即吡哆醇、吡哆醛、吡哆胺，都有维生素B_6活性。存在于谷物和绿色植物中，动物肉、肝、肾、鱼、蛋黄、奶和酵母中含量丰富。商品出售的盐酸吡哆醇为白色结晶粉末，易溶于水，对热和氧稳定，较耐酸，而在碱性溶液中遇光则分解。吡哆醛盐酸盐的生物效价以重量单位毫克计量，包装完好可保存 1 年以上。

(6)生物素　中文名叫维生素 B_7，另一常用代号维生素 H，存在于蔬菜、水果、奶和谷物糠麸中，动物的肝、肾、肉和酵母中含量较丰。自然存在的是右旋的 *D*-生物素。纯品为白色针状结晶，溶于水，对光和氧稳定，紫外线能逐渐破坏生物素活性。在弱碱水溶液中较稳定，但强酸碱、氧化剂和加热都易使生物素破坏。天然饲料中的生物素大约有半数不能被动物利用，生物素的生物效价用重量单位毫克计量。商品生物素常为 1%产品。

(7)叶酸　中文名叫维生素 B_{11}或者维生素 B_C，存在于植物绿叶和蔬菜中，动物的肝、肾、肉、奶中都含有。合成品为黄或橙黄色结晶粉末。易溶于稀酸、稀碱，稍溶于水。叶酸对空气和热稳定，光特别是紫外线对其有破坏作用。酸、碱氧化剂和还原剂对叶酸均有破坏作用。叶酸的生物效价用重量单位毫克计量，商品包装完好于干燥场所可存 3 年。

(8)钴胺素　又名氰钴胺，中文名叫维生素 B_{12}。植物性饲料中不含有此种维生素，动物性来源的肝、肾、蛋黄中含量较丰富。有钴存在时，微生物可合成维生素 B_{12}。纯品为棕色结晶粉末，对热和空气较稳定。碱、强酸和紫外线易使维生素 B_{12}破坏。添加剂用商品维生素 B_{12}为 1%产品。维生素 B_{12}应密封避光保存于冷凉干燥处，维生素 B_{12}以氰钴胺的重量单位微克计量。

(9)胆碱　中文名叫维生素 B_4，动物代谢过程可以产生，胆碱存在于天然绿色植物和豆类酵母中。鱼粉，肉骨粉和内脏粉中含量丰富。饲料用品通常为氯化胆碱，用其 70%的水溶液加入细麦麸，稻壳粉和二氧化硅等疏散剂制成含氯分胆碱 50%的粉状产品。氯化胆碱水溶液为黏稠液体，其吸附在载体上的为 50%粉剂，如不加包被隔离二者均易吸潮，故应密封干燥保存。氯化胆碱对维生素 A、维生素 D、维生素 E 及其他 B 族维生素有破坏作用，不宜直接加入维生素预混料中，氯化胆碱以重量单位计量。

(10)维生素 C　中文名称抗坏血酸，它存在于蔬菜、水果及各种绿色植物中。饲料中的抗坏血酸易因高温暴露于空气中而氧化损失。动物体内可合成相当数量的维生素 C。在营养不平衡和应激情况下，动物需维生素 C 大增，需由饲料补充。化学合成的维生素 C 是 *L*- 抗坏血酸，也有 *L*- 抗坏血酸钠供用。维生素 C 也以重量单位来计量。

二、精饲料的加工和配制

精饲料加工是指用某种方法改变饲料的物理、化学或生物学特性，加工后不仅能提高营养价值，还能延长贮存时间、脱毒、改善适口性和减少水分等。饲喂肉牛的主要精饲料包括小麦、大麦、玉米和高粱，它们的淀粉和蛋白质在瘤胃内降解的顺序是小麦大于大麦，大麦大于玉米，玉米大于高粱。现代加工方法要同时考虑湿度、温度和压力 3 个因素。

目前常用的加工方法有浸泡、蒸煮、压片、粉碎和制粒。最新发展的方法还有挤压、蒸气压片和高温处理等。另外，氢氧化钠和氨等化学试剂还可用于贮存高水分谷物。对脂肪、蛋白质和氨基酸还可以进行过瘤胃保护加工处理，使它们直接到达真胃和小肠，经血液吸收后利用。饲料的颗粒化，就是将饲料粉碎后，根据家畜的营养需要，按一定的饲料配合比例搭配，并充分混合，用饲料压缩机加工成一定的颗粒形状。颗粒饲料一般为圆柱形，以直径 4～5 毫米、长 10～15 毫米为宜，可以直接用来喂肉牛。饲料颗粒化喂肉牛有以下优点：①饲喂方便，有利于机械化饲养；②饲养上的科学研究成果能及时得到应用；③颗粒饲料适口性好，咀嚼时间长,有利于消化;④可以增加采食量,且营养齐全,能防止产生营养性疾病;⑤能充分利用饲料资源,减少饲料损失。

另外,还可以将精饲料进行以下加工:

第一,磨碎与压扁。质地坚硬或有皮壳的饲料,饲喂前需要磨碎或压扁,否则难以消化而由粪中排出,造成浪费。当肉牛饲喂整粒玉米时,就会出现这种现象。但玉米也不能磨得太细,一般直径1～2毫米为宜。

第二,湿润及浸泡。一般尘粉多的饲料用湿润的方法,而硬实的籽实或油饼常常用浸泡的方法使之软化或用于溶去有毒物质。饲喂肉牛前,对磨碎或粉碎的精料最好能湿润一下,以防饲料中粉尘太多从而影响牛的采食和消化,同时对预防粉尘呛入气管而造成的呼吸道疾病也有好处。豆饼在饲喂肉牛前必须浸泡,否则由于豆饼比较坚硬,牛无法嚼碎。如果豆饼或黄豆浸泡后磨成豆浆,用以饲喂犊牛,则效果更好。

第三,焙炒。焙炒可使饲料中的淀粉部分转化为糊精而产生香味,磨碎后撒在拌湿的青饲料上,能提高粗饲料的适口性。

(一)常用能量饲料的加工

(1)玉米　一般对玉米的加工方法有2种,包括压片和粉碎。在肥育牛日粮含70%～80%的玉米时,压片可使净能提高5%～10%,能量沉积提高6%～10%,但是压片会使肉牛的饲喂成本提高。所以除了对玉米进行压片处理外,还可以将玉米进行粗粉碎,从而提高玉米的营养价值和利用效率,但是玉米粉碎不能过细,以免影响粗饲料的消化率。

(2)高粱　当日粮内粗饲料的含量小于20%时,对高粱进行蒸气处理和压片可使能量利用率提高5%～10%,淀粉消化率提高3%～5%。在没有条件进行蒸气处理或压片的地区,可将整粒高粱在水中浸泡4小时,然后晾干,再粉碎,这样可以提高能量和淀粉的消化率，效果与蒸汽处理相同。优点是成本低，还可增加肉牛的采食量。与粗粉碎相比，细粉碎可使高粱的净能提高8%，与蒸汽处理效果相等。因此，最简单实用的方法是将高粱粉碎到1毫米后饲喂。

(3)大麦　大麦是肉牛的优良饲料，肉牛对大麦中所含的葡聚糖有较高的利用率，供肉牛育肥时与玉米营养价值相当。粉碎或压扁能提高大麦的消化率和利用率，但是大麦粉碎不能太细，否则会引起肉牛瘤胃臌胀，所以大麦适合粗粉碎或用水浸泡数小时或压片后饲喂，这样不但可以提高大麦的利用率而且还可起到预防瘤胃臌胀的作用。

(4)小麦　压片、粗粉碎和蒸汽处理都可以提高小麦的营养价值，但是不应粉碎过细，否则容易引起肉牛的采食量降低，甚至引起酸中毒。

(5)燕麦　燕麦是一种提供肉牛品种能量的饲料，燕麦的蛋白质含量和大麦相似，粗纤维含量较高，为9%。给肉牛饲喂燕麦时，需要进行压片或粉碎，才能达到最佳效果，它是一种古老的栽培作物，由于它具备产量高、品质好、适应性强等优点，受到世界各国的普遍重视。

(二)保护蛋白质过瘤胃的方法

在肉牛饲料中使用保护蛋白质的意义是能降低蛋白质的使用量，增加非蛋白氮的用量，降低饲料成本和提高肉牛的生产性能。保护蛋白质过瘤胃的方法有：

(1)天然保护蛋白质　指使用蛋白质降解率较低的饲料，如玉米面筋粉、啤酒糟、酒糟、压榨的豆饼、肉粉、血粉、鱼粉和水解羽毛粉等。

(2)加热加压处理　在一定压力下对蛋白质饲料加热，可使蛋白质内氨基酸发生交链，从而降低降解率。但是不能过热，否则易出现蛋白质的过保护现象，即在瘤胃内不降解，在小肠内也不能被消化，造成浪费。

(3)鞣酸处理蛋白质　用1%的鞣酸均匀地喷洒在蛋白质饲料上，混合后烘干。

(4)甲醛处理蛋白质　用0.8%的甲醛均匀地喷洒在蛋白质饲料上，混合后烘干。

(5)氢氧化钠处理蛋白质　最近研究用氢氧化钠处理来降低豆饼等蛋白质饲料在瘤胃内的降解率，效果比热处理、甲醛处理或鞣酸处理好，因为后面几种处理常出现保护程度不够或过保护。同时，用氢氧化钠处理大豆粉生产犊牛代乳料的研究也正在进行。

(6)鲜血处理蛋白质　用鲜血保护蛋白质饲料过瘤胃效果很好，血液在瘤胃内不易被降解，是一种保护性包膜。

(7)保护性氨基酸　给高产反刍家畜补充必需氨基酸(尤其是蛋氨酸和赖氨酸)和脂肪，使它们过瘤胃后被直接吸收。目前有两种形式的保护性蛋氨酸，即包膜蛋氨酸和蛋氨酸类似物或多聚化合物。最初蛋氨酸包膜是用甲醛处理后的蛋白质或脂肪，但是这种物质在瘤胃内仅部分稳定，并且过瘤胃以后的释放率很差。后来找到了既在瘤胃酸碱度条件下稳定，又在真胃酸碱度条件下离解的多聚物包膜。最近，又将蛋氨酸与脂肪酸的钙盐成功地结合在一起，使血液内的蛋氨酸浓度增加。蛋氨酸羟基类似物对单胃动物具有生物学活性，但是在瘤胃内不稳定，生产应用效果也不一致。

(8)商品性保护蛋白质　这类饲料市场有售，属于反刍动物的浓缩料，不仅含有保护性蛋白质，还有微量元素和维生素，能明显增加肉牛的生长速度。

(三)保护脂肪过瘤胃的方法

当瘤胃内脂肪尤其是不饱和脂肪酸浓度高时，会降低粗纤维的消化率和食欲。保护脂肪首先是用甲醛处理酪蛋白包膜脂肪，其次是喷雾干燥。但酪蛋白成本高和喷雾技术均限制了这一技术的应用。整油籽的保护可以通过去壳、在碱内溶解、乳化、甲醛处理，然后干燥等方法实现。饲喂长链脂肪酸的钙盐或脂肪酸钙盐与脂肪酸的混合物，会使饲喂脂肪酸的负效应最小。当日粮精粗比过高或瘤胃氢离子浓度很高时，需要使用碱性缓冲液调控瘤胃氢离子浓度到正常范围，以防钙皂的离解。

（四）保存高水分谷物的方法

用氢氧化钠等碱性盐类保存高水分谷物是一种常用方法，使玉米和高粱的利用效率比干燥保存时高。当需要补充瘤胃可降解氮或避免钠采食量过高时，可以用氢氧化铵代替氢氧化钠。

（五）精饲料配制注意事项

严禁添加国家不准使用的添加剂、性激素、蛋白质同化激素类、精神药品类、抗生素滤渣和其他药物。国家允许使用的添加剂和药物要严格按照规定添加。严禁使用肉骨粉。

第二节　肉牛粗饲料加工和配制

一、粗饲料的特点和种类

肉用牛除每天所需少量的精饲料外，还需要大量的粗饲料，它能充分利用大量不能为人类所直接利用的青粗饲料和农副产品，转变为人类生活所必需的食品和产品。

粗饲料主要是干的饲草和秸秕等农副产品，属饲料分类系统中第一大类。这类饲料体积大、难消化、可利用养分少、绝干物质中粗纤维含量在18%以上，主要包括干草类、农副产品类（荚、壳、藤、秧）、树叶类、糟渣类等。它的来源广，种类多，产量大，价格低，是马、牛、羊等草食动物冬春季的主要饲料来源。本类饲料的共同特点是：所含粗纤维高。尤其是收割较迟的劣质干草和秸秕类，木质素和硅的含量增大。由于它们与纤维素类碳水化合物紧密结合，并共同构成植物的细胞壁，从而影响了微生物对纤维素的酶解作用和对细胞内容物的作用。这是粗饲料的能量和各营养素消化率较低的重要原因。

粗饲料中以青干草的营养价值最高，如上等苜蓿干草的干物质中含有18%以上的粗蛋白质；每千克干物质含增重净能0.5兆焦左右，相当于0.3～0.4千克粮食；每千克干物质含有200～400毫克胡萝卜素。干草的营养价值随其生长阶段不同和调制合理与否而不同，此外，干草的植物学分类和组成也是决定其营养价值的必然因素。农作物秸秆和枯草是粗饲料中营养价值最低的饲草，一般体积大，粗硬、适口性差，含粗纤维25%～40%，含粗蛋白质不到5%，几乎不含胡萝卜素。由于上述原因，单纯喂给秸秆时，牛对其干物质食入量降低。秸秆中以玉米秸和谷草等质量较好，含有的增重能量接近苜蓿干草，但粗蛋白质含量低；而麦秸、豆秸、稻草、稻壳等，则是粗饲料中营养价值最低的饲料，每千克干物质中含增重净能低于0.4兆焦，若不作适当的加工处理提高其营养价值，则只适于作为枯草期维持饲养之用（维持牛正常生活的最低营养水平），在高精料日粮中可当作维持牛消化器官正常功能的填充物，而不宜大量用作育肥饲料。

干草是青饲料在非草生季节的一种延续利用形式，也是牧区和半牧区畜牧业发展的主要物质基础。秸秕类粗饲料是我国广大农区草食动物的主要饲草资源。中原地区用稻草和麦秸喂牛，北方地区用谷草（粟秸）和玉米秸喂马和牛，一直延续至今，不容忽视。

(一)干草

干草也称青干草，是由野生或人工种植的青绿植物在结籽以前刈割地上部分，经自然或人工去除大部分水分制成。制作优良的干草呈绿色，基本保留了青绿植物的营养价值，并带有一种独特的清香味，含水量低于15%，能长期保存，是饲养肉牛的主要优质饲料之一。由优质禾本科和豆科牧草调制成的青干草，即使不添加精料，也能满足肉牛生长育肥的需要。

(二)青绿饲料

青绿饲料是指天然水分含量在60%以上，能被家畜直接利用的青绿多汁植物，它们的种类繁多，主要有各种牧草、野草、青饲作物、树叶、水生植物等。青绿饲料含干物质量低，干物质中蛋白质含量较高，氨基酸平衡；维生素含量丰富；粗纤维含量较低；钙磷比例适宜，且比例适当；无氮浸出物含量高；适口性好，消化利用率高。

适宜饲喂肉牛的人工种植牧草种类主要有苜蓿、黑麦草、苏丹草、串叶松香草、草木樨、三叶草、沙打旺、紫云英等；青饲作物有青饲玉米、青饲大麦、青饲豆苗、甜高粱、小黑麦、籽粒苋、甜菜、饲用甘蓝等；水生饲料有水葫芦、水花生、水浮莲、萍类等。青饲料是一种营养相对平衡的饲料，但由于青饲料干物质中消化能较低，从而限制了它们潜在的其他方面的营养优势。在肉牛饲料的应用中，需要和其他饲料配合使用。

(三)作物秸秆

作物秸秆是由茎秆和经过脱粒后剩下的叶子所组成的作物。作物秸秆在农区产量巨大，是农区养牛的主要粗饲料来源，粗纤维、木质素含量高，无氮浸出物、粗蛋白含量低，矿物质含量不均衡，适口性差，直接饲喂消化、利用率很差。我国的主要作物秸秆有小麦秸、玉米秸、稻草、谷草和豆秸等。

（四）秕壳类

秕壳类是农作物籽实脱壳的副产品，作物籽实外的硬壳，包括谷壳、高粱壳、花生壳、豆荚、棉籽壳、秕谷以及其他脱壳副产品，一般来说，秕壳的营养成分高于秸秆（稻壳、花生壳例外）。用于喂牛的秕壳类主要有豆荚、麦糠、棉籽壳和谷壳等。豆荚中最具有代表性的就是大豆荚，是一种比较好的粗饲料。豆荚含无氮浸出物12%～50%，粗纤维33%～40%，粗蛋白质5%～10%，饲用价值较好，适于肉牛利用。棉籽壳含少量棉酚（约0.068%），喂时搭配青绿块根饲料和少量稻草。成年肉牛棉籽壳占粗饲料的70%，6～18月龄的牛占30%左右，成年牛隔数天到数十天，暂停喂3～4天，小牛喂1周应更换其他粗饲料，以防棉酚中毒。

（五）青贮饲料

青贮饲料是用收获的新鲜青绿多汁的植物性饲料，经铡短、压实、密封，在厌氧条件下，使乳酸菌大量繁殖，产生乳酸，从而抑制其他腐败菌的生长，可较好的保存青饲料的营养特性，是一种气味酸甜、柔软多汁、营养丰富的饲料，是枯草季节肉牛的良好饲料，其营养价值取决于青贮原料的质量和制作技术的高低。养分的损失比晒成干草的要少，一般损失不超过15%，并能保持饲料的多汁性，加上发酵后的酸香味，故适口性也很好。这类饲料包括加有适量糠麸或其他添加物的青贮饲料及水分含量在45%以上的半干青贮饲料。青贮饲料是饲养肉牛的重要饲料资源。随着肉牛规模化养殖的发展，育肥场应大力推广应用玉米带穗青贮。

另外，还有一类饲料称为黄贮饲料，其制作方法和原料与青贮饲料完全一样，只是原料的收割时间不同，如玉米，在玉米掰棒前的蜡熟期收割青贮，称之为青贮饲料；玉米收获后，在玉米秸仍呈青色时青贮，则称之为黄贮饲料。黄贮饲料与青贮饲料相比营养价值低，但比作物秸秆高很多，比较适合我国地少人多，人畜争粮严重的国情，具有较高的推广应用价值。

(六)糟渣类

糟渣类主要有淀粉渣、豆腐渣、粉渣、酱油渣和酒糟等，它们都具有含水多，运输、贮存困难的特点，下面就几种糟渣类产品特性及其注意事项进行简单概述。

第一，淀粉渣是加工淀粉的副产品，由于所用原料不同，蛋白质含量也不同，籽实类淀粉渣含蛋白较高，如玉米淀粉渣含蛋白25%以上，而薯类淀粉渣含蛋白则很低，不属于蛋白饲料。淀粉渣含蛋氨酸多，赖氨酸少，蛋白质利用率较高。

第二，豆腐渣、粉渣和酱油渣豆腐渣和酱油渣是大豆加工的副产品。粉渣种类很多，只有豆类粉渣才能称为蛋白饲料。豆腐渣品质较好，是喂牛的好饲料，但易腐败，最好煮熟后搭配其他饲料喂牛。酱油渣营养价值较高，但含盐分高，不宜多喂。

第三，酒糟有白酒糟、啤酒糟之分。白酒糟中粗蛋白和纤维素含量比啤酒糟低，营养价值也低。酒糟是喂牛，特别是肉牛的好饲料，育肥牛每天喂量可达 15～20 千克，为防止酸度太大，需在精料中添加0.5%～1%碳酸氢钠，但妊娠母牛不可多喂。

粗饲料的加工方法很多，常用的有青干草的制备、青贮、黄贮、氨化、碱化和微贮等。精饲料的加工方法主要有粉碎、压扁、膨化、浸泡、蒸、煮、炒、制粒、发芽与糖化等。

二、粗饲料的加工与配制

(一)青干草的制备

1. 制备的原理

青干草是将牧草、细茎饲料作物在质量兼优时期刈割，经自然或人工干燥调制而成的能够长期贮存的青绿饲草。青草刈割时一般含水量很高，刈割后其细胞在水分含量适宜时仍继续呼吸，消耗养分，等到水分降到一定程度后(一般为 15%～17%)，细胞才会停止呼吸。青干草的制备就是针对这种特点，通过自然或人工的方法使青草在最短的时间内含水量降到适宜水平，从而达到保存养分的目的。优良的青草颜色青绿、气味佳、适口性好并含有较多的蛋白质、维生素和矿物质，是肉牛饲养良好的基础饲草。

2. 制备的方法

青干草制备的方法主要有自然干燥法和人工干燥法。自然干燥法适于晴天，就是利用太阳的照射以及空气温度的蒸腾作用，将青草刈割后在原地或干燥地段摊开，在阳光下曝晒，使其含水量迅速降至40%～50%，然后堆成松散的小堆，使其含水量继续下降至15%～17%，然后堆成大垛在草棚中保存。人工干燥法适于阴雨天，青草刈割后一般先通过自然方法使其水分降至 50%以下然后直接与草棚中堆垛，在草棚的中央上部安装抽风机，使其剩余水分逐渐挥发。刈割后的青草也可直接送入烘干机中，通过高温空气使其迅速干燥，然后堆垛保存或制成草粉，这种方法制得的青干草养分损失最少，质量最高，饲喂肉牛的效果很好。此外，还有地面干燥法、草架干燥法、棚内阴干法。制作优质青干草的关键在于三点，一是刈割时间，二是干燥的速度，三是防潮。刈割时间不同，制成的干草营养成分差别很大，一般禾本科在抽穗初期，豆科在孕蕾期和开花初期刈割较好，从而保证收割之后获得较高的质量和产量的青草。干燥的速度越快，养分损失越少。干草受潮一则会使青草霉变，二则会使其营养价值迅速下降到与作物秸秆类似，从而失去制作的意义。

（二）青贮

1. 青贮的方法

青贮的方法有青贮窖（池、塔）法、堆垛法和塑料袋法等，青贮塔投资较大，目前在国内很少采用。中等规模以上的牛场青贮时宜采用永久性青贮窖（池）法，永久性青贮窖（池）虽然一次性投资大，但使用年限长，青贮效果好，容量大，饲料保存时间长。小型牛场和农户可采用堆垛法或塑料袋法，堆垛法和塑料袋法具有投资少，方法简单、灵活，存贮量易于调节等优点。

2. 青贮的原料

很多青贮饲料都能制作青贮，其中以含糖量较多的青饲料效果最好。禾本科牧草、青贮作物如青玉米、苏丹草、块根、甘薯藤等都是青贮的好原料。

（1）玉米青贮　玉米产量多，营养价值较高，是养牛的重要饲料。用全株带穗玉米做青贮，以蜡熟期收割较好，这时籽实临近成熟，大部分茎叶还是绿色，营养价值很高。收获籽实后的玉米秸，当收获期较早时，则很多茎叶仍是青绿色，可做出质量较好的青贮，这种方法既收获籽实，又作青贮，所以比较经济。

（2）天然牧草青贮　天然牧草资源丰富，现多晒成干草贮作冬草，为了减少养分损失，提高枯草季节牛饲草的营养价值，保证在冬季获得一定的增重，适宜推广青草青贮。青草青贮养分损失较少，为10%～15%，保留了较多的蛋白质和胡萝卜素。我国南方山地草场面积亦较大，由于降雨量多，晒制干草很困难，且养分损失更大，因此大力推广青草青贮是解决南方山地养牛饲料的重要途径。

(3)豆科牧草青贮　豆科牧草，如苜蓿、草木樨等，因蛋白质含量高，含糖量少。所以，单用豆科牧草做青贮容易腐烂，须用其他含糖较高的禾本科青饲料与豆科牧草进行混合青贮。

3. 青贮的制作

采用青贮窖(池)法青贮应先建青贮窖(池)。青贮窖(池)应建在地势高燥、平坦，离牛舍较近的地方，如果地下水位较高，宜采用地上或半地上青贮窖(池)，地下水位较低，则可采用地下青贮窖(池)。青贮窖(池)一般深 2.5～3 米，宽 2.5～6 米，长度根据牛场规模确定，一般每立方米可贮存青贮料 500～550 千克，窖(池)的内壁要光滑。青贮的原料收割后应在最短的时间内铡短、装窖(池)，逐层压紧，高出窖(池)上口 30～50 厘米，然后用塑料布密封，上面用土压实，保证不透气、不透水。

堆垛法为在地势高、平坦的硬地面上铺一层厚塑料薄膜，将原料铡短堆在上面，压实后用塑料薄膜盖严，上部用土压实，保证不透水、不透气；塑料袋法则是将原料铡短后装入塑料袋中，压实、密封制成。

青贮原料适宜含水量一般为 60%～70%，含水量过高、过低都应先调节水分适宜。原料铡短的长度细茎牧草不能超过 7 厘米，玉米秸等质地粗硬的以 0.7～1.5 厘米为宜。玉米带穗青贮，一般在玉米乳熟或蜡熟时进行。

4. 特殊青贮法

除将原料收割后铡短直接制作青贮外，还有一些特殊的青贮饲料制作方法，称为特殊青贮法，主要有低水分青贮法、混合青贮法和添加剂青贮法。

低水分青贮法又称半干青贮法，其方法是将青贮原料收割后，在 30 小时内使原料含水量迅速降低至 45%～50%，然后进行青贮。低水分青贮具有可选用原料广，适口性好，营养成分损失少，干物质含量高，易于制作等优点，是目前较先进的青贮制作方法。

混合青贮法是将几种具有不同优缺点的原料混合制作青贮的方法，如含蛋白高的豆科牧草与含糖量高的禾本科牧草混合，或含实量高的与含水量低的混合。

添加剂青贮法是在青贮原料中添加一些特殊成分制作青贮的方法，常用的添加成分有尿素、糖蜜、甲醛、乳酸菌、酶制剂等，目前添加最多的为尿素和乳酸菌。添加尿素可以提高青贮饲料的蛋白质含量，据大量资料报道，添加0.4%的尿素可以增加1%的可消化蛋白。添加的乳酸菌类发酵能产生大量的乳酸，可保持青贮过程中必需的酸状态，抑制有害菌的繁殖，如腐败菌的发酵。

还有一种牧草青贮方法，采用牧草收割、打捆、装袋、密封一体化操作，除具有一般青贮饲料的优点外，还具有便于机械化操作，节省人工，使用方便等优点，是目前国际上最先进的方法。

肉牛的青贮料喂量按每100千克体重喂青贮料8千克计算，用西红柿茎叶作原料制作的青贮料可喂10千克，用马铃薯茎叶制成的青贮料可喂4千克。

5. 青贮的取用

青贮制作的好坏关键取决于是否压实，密封的好坏，原料含水量、含糖量、青贮的温度是否适宜。

制作良好的青贮呈青绿色或黄绿色，有光泽，有芳香的酸香味，湿润、紧密，不成团状，茎、叶、花形态完整。如有刺鼻的霉味，说明饲料已变质，不能再用于喂牛。青贮饲料经过45天左右的发酵，即可开窖饲喂，在取用时应从一端开始，由上到下，由外到里，切忌掏洞取用，每日一次取层厚度应在10厘米以上，取层过薄必然造成家畜只吃裸露的非新鲜青贮饲料，要及时将周边的霉腐变质青贮料清除掉。每次取后应将塑料膜覆盖好，减少污染。取完后立即排出空气，压实，严防二次发酵，造成霉变。

(三)氨化和碱化

1.氨化和碱化的优点

作物秸秆具有粗蛋白质、维生素含量低,粗纤维含量高,消化率低,品质低劣等特点。传统的饲喂方法是将它们铡短直接饲喂,肉牛虽然能将它们消化利用,但利用率很低,而且会使肉牛增重降低,造成饲料浪费,经济效益低下。作物秸秆经氨化和碱化处理后,可大幅度提高粗蛋白质含量和消化率,改善适口性。据西北农业大学邱怀等(1992)报道,杂交肉牛采食氨化麦秸可提高增重和采食量20%以上。据中国农业大学毛明华等(1991)报道,尿素用量为60克/千克干物质时,稻草降解率可提高12.8%,麦秸提高12.4%。据夏兆刚等(1999)报道,用石灰水处理小麦秸可使其粗纤维消化率提高22%左右,采食量增加20%以上。综合国外资料报道,碱化处理可提高秸秆消化率15%以上。

2.氨化和碱化的方法

作物秸秆碱化处理只能提高其消化率,不能够改变其营养成分。其方法是将秸秆在碱液中浸泡一定时间,或将碱液均匀喷洒到秸秆中。碱化处理可用石灰处理法,一种方法是将秸秆用4.5%的石灰水浸泡3~5分钟,捞出后放置24小时饲喂;另一种方法是将3~6千克生石灰用水稀释后,均匀喷洒到100千克秸秆中,在潮湿状态下保持3~4天后饲喂。石灰处理来源广泛,成本低,对环境无害,而且能补充一定的钙质,应注意的是饲喂时应补充一定的磷。

作物秸秆的氨化处理方法与青贮类似,可以直接利用青贮池、青贮窖,这样既可节约投资,又可提高青贮池、青贮窖的利用率,氨化也可采取装袋法和堆垛法。常用的氨化原料有液氨、氨水、尿素等,尤以尿素应用范围最广。氨水和液氨的用量随温度的不同而不同,一般含氮量为秸秆的1.5%~3%。尿素的用量为每百千克秸秆加3%～4%的尿素液50千克。氨化所需时间也随温度变化，一般夏天为7天，冬天30天以上，春秋14天左右。氨化好的秸秆应为黄棕色，发亮，有一种糊香味，质地柔软。发霉的秸秆有一股刺鼻的霉败味，这样的秸秆不能用于牛。氨化好的秸秆在饲喂之前必须经过1～3天的放氨处理，否则极易引起肉牛氨中毒。

曹玉凤、李英等(1997)研究报道，利用氨化、碱化和盐化复合处理可以弥补氨化成本高，碱化不宜久存，盐化效果差的缺点，处理成本比普通氨化低32%～50%，日增重提高48.8%。其处理方法为：秸秆铡短为2～3厘米，尿素、生石灰和食盐按表3-3比例配好，均匀喷洒到秸秆上，压实、密封，其他处理与普通氨化相同。

表3-3　复合处理成分配比表　　千克

秸秆种类	秸秆重量	尿素用量	石灰用量	食盐用量	水用量
干麦秸秆	100	2	3	1	45～55
干稻草秸秆	100	2	3	1	45～55
干玉米秸秆	100	2	3	1	40～50

(四)微处理法

微处理法是当前国内外在青粗饲料处理方法上研究的重点。所谓微处理法就是利用微生物在发酵过程中产生的酶，将动物难消化的粗纤维分解成易于消化的物质，应用微处理法制作的饲料称为微贮饲料。自然界中微生物的种类繁多，但能应用于作物秸秆处理的种类却很少，目前研究最彻底，应用最广的是纤维素分解菌类。微处理法在处理过程中不需要添加氮源，具有成本低，可作业时间长，经济安全等优点，可以替代碱化、氨化秸秆，但目前技术还不完全成熟。其处理方法为：将作物秸秆铡短，5～8厘米，必须用没有霉烂且没有混入沙土的秸秆。将其放入密闭的环境中，激活菌种后,均匀地喷洒到秸秆中,压实、密封,经过一段时间的发酵即可饲用。秸秆处理后,消化率和营养价值提高,适口形变好,既有酸香味,又耐贮存。

(五)全价混合饲料

目前,国外先进的青粗饲料加工处理已经不再将青粗饲料与精饲料分开,而是制成全价混合饲料。现在,在西方发达国家的反刍动物饲料中,全价混合饲料已占到29%左右,而我国仅为2%,这2%还主要集中在奶牛上。有许多人认为全价混合饲料不适合中国人多地少、人畜争粮严重的国情。事实并非如此,我国长期采用的青粗饲料与精料分开饲喂的方法,具有无法解决个体喜好差异,干物质摄入少,精粗比例难以控制,难以应用营养学的最新知识,难以适应规模化、集约化饲养、经营等缺点,再加上饲料的频繁更换,易造成肉牛瘤胃内消化代谢平衡紊乱。而全价混合饲料则是根据肉牛的营养需要配制而成的营养平衡日粮,它可以及时采用反刍动物营养研究的最新知识,保证瘤胃环境的稳定,充分发挥瘤胃机能,提高饲料利用率。全价混合饲料还可利用一些当地原来无法利用的青粗饲料,最大限度地扩大当地的青粗饲料范围,从而可大幅度降低因饲料加工处理而增加的成本。

全价混合饲料具有增加肉牛干物质采食量,提高青粗饲料消化率、利用率,降低劳动强度,提高劳动定额,可大规模工厂化生产,可充分利用我国廉价的劳动力,增加就业等优点,值得在生产中大力推广应用。如果将全价混合饲料制成颗粒饲料,效果会更好。据山东农科院万发春等(1998)报道,饲喂颗粒饲料比饲喂粉料可增加肉牛采食量15%,提高饲料报酬13%,提高日增重12%。

因此,我国肉牛业走节粮、规模化饲养之路,采用全价混合饲料是最佳的饲料利用模式。只有这样,才能将反刍动物营养研究的最新科技成果迅速应用到实践中，尽量节约精料，缩短与世界发达国家肉牛业的差距，产生巨大的社会经济效益，达到高效的目的。

第三节　肉牛饲料添加剂

饲料添加剂是配合饲料的重要成分，是为了某些特殊需要向饲料中人工加入的具有各种不同生物活性的特殊物质的总称。其作用是强化基础日粮的营养价值，保障动物营养需要和健康，促进动物正常发育和加速生长，提高动物对饲料的利用效率。饲料添加剂用量很小，一般为每千克几毫克到100毫克。当饲料添加剂直接用于饲料中不仅在技术上是困难的，而且很难保证其使用效果，因此通常将饲料添加剂作为原料，生产出各类预混合饲料，再用于配合饲料中。饲料添加剂的种类繁多，性质各异，按国内较为常用或习惯的分类方法，可大体分为营养性和非营养性两类。

一、营养性添加剂

(一)微量元素添加剂

使用微量元素添加剂的目的和维生素或氨基酸等所要达到的直接效果不同，作为肉牛饲用微量元素添加剂的原料，必须满足以下几项基本要求：

(1)要有较高的生物效价。即肉牛能消化、吸收、利用，并能发挥特定的生理功能。

(2)含杂质少，含有毒有害物质在允许范围内，以保证饲喂的安全。

(3)有稳定可靠的货源,保证生产和供应。

(4)成本低,保证使用的经济效益。

(5)物理和化学稳定性良好,方便加工、贮藏和使用。

当前生产应用的微量元素添加剂,多以含钙的石粉类作为载体。微量元素添加剂的原料,多应用化工原料,或专门生产的饲料级微量元素盐为原料,很少用试剂级产品作原料,因为它虽然纯度高,但价格昂贵,不经济、不适用。肉牛的各种微量元素需要量和最大添加量见表 3-4。

表 3-4　肉牛的各种微量元素需要量和最大添加量

微克/千克

项目	铁	铜	锌	锰	钴	硒	碘	钼
需要量	40～60	5～15	50～100	40～100	0.1～0.2	0～0.2	0.2～0.5	0.5～1
最大添加量	1 000	100	400	1 000	30	3	20	6

(二)维生素添加剂

在实际生产中因严重缺乏某种维生素而产生特异缺乏症是很少见的,经常遇到的是因维生素不足,而出现的非特异状态。例如,皮肤变粗、生长缓慢和生产水平下降、抗病力减弱等。产生非特异状态的原因是多种多样的,与饲料或饲养中的一些因素相互影响有关。当影响某种维生素吸收利用的因素存在时,就应增加这种维生素的给量。在饲料工业中,维生素不是按传统作用法治疗某种维生素缺乏症,而是作为饲料中营养的补充,增加动物抗病或抗应激反应的能力,或是促进生长,提高某种畜产品的产量和质量而加的。

维生素易受热、阳光、氧和霉菌的破坏,而肉牛对维生素的需要量很小。对成年肉牛,维生素 A、维生素 D 和维生素 E 都容易缺乏，其中维生素 A 最容易缺乏。正常情况下，肉牛瘤胃微生物能合成 B 族维生素和维生素 K。在舍饲时应注意补充维生素 D。

(1)维生素 A 和胡萝卜素　青绿饲料和黄玉米含有丰富的胡萝卜素，胡萝卜素也叫维生素 A 原，在肉牛体内可以转化为维生素 A，或用添加化学合成的维生素 A 提供。维生素 A 既可以加在饲料内饲喂，也可以肌肉注射。

(2)维生素 D　对舍饲肉牛要补充维生素 D。如果肉牛晒太阳的时间在 6 小时以上，就不需要在日粮内另外补加维生素 D。缺乏维生素 D 的肉牛易患佝偻病和软骨症。

(3)维生素 E　维生素 E 对繁殖和肌肉的质量有影响。植物的叶、谷物都含有较多的维生素 E。一般肉牛的饲料内不需要添加。但是对应激、运输和免疫能力差的肉牛，应该补充维生素 E。

(4)维生素 K　瘤胃微生物能合成足够的维生素 K，无须给肉牛日粮内添加。

(5)B 族维生素　8 周龄前的犊牛要补充 B 族维生素，8 周龄后瘤胃微生物能合成足够的 B 族维生素，不需再补加。

(三)氨基酸添加剂

蛋白质营养的实质是氨基酸营养，而氨基酸营养的核心是氨基酸之间的平衡。植物性饲料的氨基酸几乎都不平衡，即便是由不同配比天然饲料构成的全价配合饲料，尽管依据氨基酸平衡的原则配料，但它们的各种氨基酸含量和氨基酸之间的比例仍然是变化多端、各式各样的。因而，需要氨基酸添加剂来平衡或补足饲料限制性氨基酸的不足，使其他氨基酸得到充分利用。

对肉牛最关键的 5 种限制性氨基酸是精氨酸、胱胺酸、赖氨酸、蛋氨酸、色氨酸。这 5 种氨基酸在一般饲料内的含量很低，所以多在补充料内添加人工合成的限制性氨基酸，添加量可参考营养需要量。

氨基酸添加剂的作用：

(1)节约蛋白质并提高饲料利用效率　一般在肉牛以谷物和豆粕为主的植物性饲料中，赖氨酸含量少，不能满足肉牛的需要，如按需要予以补加，可以大大节省蛋白质，降低饲料成本，提高肉牛的生产效率。大量试验表明，在一定的范围内，在饲料中添加0.02%赖氨酸，可起到降低(或顶替)1%粗蛋白质的作用，总计可以降低(或顶替)4%左右的粗蛋白质。

(2)改善肉的品质　试验研究证明，肉牛饲粮中添加赖氨酸，可以使氨基酸得到平衡，提高肉牛体内合成蛋白质的效率，相对地降低体脂肪含量，增加瘦肉比例，改善肉质。

(3)改善和提高肉牛消化机能　目前，国外采取降低肉牛日粮的蛋白质水平补加蛋氨酸、赖氨酸以及谷氨酸等方法，有效地改善了肉牛的消化机能，减少了疾病，增强了肉牛的抵抗力。

(4)减少应激症　应激症就是由于外界环境条件变化或其他因素的改变使动物产生一种生理学适应的现象，会使采食量急剧下降，影响生长和畜产品产量。若添加某种氨基酸，可以减少应激症的发生。如添加甘氨酸可以消除某些氨基酸过多而产生的应激。

(四)非蛋白氮饲料添加剂

非蛋白氮物质作为肉牛等反刍动物补氮的饲料添加剂，已为理论和实践所证实。常用添加剂主要有尿素、氨、缩二脲、磷酸铵、碳酸铵、氯化铵和硝酸铵等。肉牛瘤胃内的微生物可以合成蛋白质，可以用部分非蛋白氮代替蛋白质饲喂肉牛，但是无机盐和碳水化合物的供应要平衡。尿素、氨化糖蜜、氨化甜菜渣、氨化棉籽饼、氨化柑橘渣、氨化稻壳都是非蛋白氮的来源。肉牛常用的非蛋白氮饲料添加剂为尿素，添加尿素时，要注意补充硫，使氮硫比例达到15∶1。要把尿素均匀混合入精料中。尿素的喂量可占日粮蛋白质总量的33%，要让肉牛有5～7天的适应期，少量多次，注意补充维生素A，在日粮内添加0.5%的盐。

1.肉牛非蛋白氮的利用

非蛋白氮(NPN)通常是指那些不具有氨基酸肽键、无毒、能被反刍动物利用的含氮化合物，其英文简称为NPN。众所周知，我国人多地少，饲料缺乏，特别是蛋白质饲料，而反刍动物可利用NPN代替日粮中30%～40%的粗蛋白质，因此，NPN在饲料中的应用对于我国发展节粮型畜牧业具有重要的意义，可极大地缓解人畜争夺蛋白质食物的矛盾。

2.NPN的种类

NPN的种类很多，但常用于反刍动物饲料中作为补充氮源的种类并不多，主要有无水氨、氨溶液(氨水)、尿素、铵盐和尿素复合物。NPN既在天然饲料中存在，也可由外源途径添加到反刍动物饲料中，本文论述的主要为外源性NPN。

3.NPN的使用

(1)无水氨和氨水　无水氨和氨水一般不可直接用于反刍动物饲喂，主要用于反刍动物粗饲料的氨化处理，如作物秸秆和劣质的牧草的氨化。秸秆经氨化处理后，适口性增加，采食量可增15%～20%，消化率可提高20%～30%，可消化粗蛋白可提高1倍以上(由3%～4%提高到8%)。氨化可采用氨化池(窖)法，也可采用堆垛法。氨化的关键是要求水分含量适宜，密封不透气。氨化时，氨溶于水，形成NH_4OH，使秸秆软化，细胞壁膨裂。同时，氨与秸秆中的有机物作用，形成含氮络合物。氨化好的秸秆在饲喂之前必须经过放氨处理。无水氨和氨水用于粗饲料氨化，虽然价格低廉，但其体积大，储存、运输不便，氨化时损失大，故现在很少使用。

(2)铵盐　常用的铵盐有碳酸铵、磷酸铵、氯化铵和硫酸铵等。铵盐是一种比较安全的反刍动物氮源补充物，它既可直接饲喂，也可用于秸秆氨化处理。直接饲喂时，由于铵盐能降低瘤胃内的pH，从而可降低氨的释放、吸收速度，故比较安全，但一次喂量也不可过大。用于秸秆氨化时，先溶于水，均匀喷洒到秸秆上，然后密封，其作用机制与氨水类似。天然饲料中都含有一定量的铵盐，在实际生产中很少通过外源途径添加，因其含氨量低，价格高，无论从有效性，还是从经济可行性分析，都不如尿素。

(3)尿素　尿素是目前最常用的反刍动物蛋白质饲料替代品。按含氮量计算，1千克尿素相当于2.87千克粗蛋白，相当6～7千克饼粕类蛋白质饲料。目前世界各国已广泛在反刍动物饲料中使用。全世界每年尿素及其衍生物用量约达300万吨。

育肥肉牛每天饲喂精饲料量一般是按照育肥牛体重的1.2%左右计算，体重越大饲喂量越多；在育肥肉牛精饲料中能量饲料如玉米占70%左右，蛋白饲料如豆粕、棉粕等占23%左右，饲喂尿素后可以减少蛋白饲料的用量，但要适当增加玉米等能量饲料的喂量。原则上，尿素在饲料中的添加量占混精料的2%或不超过总干草谷物日粮的1%，添加时要把尿素混入精料中，并在日粮中添加0.5%～1%的盐。尿素的添加量并不是越多越好，它的利用效率受到饲料中各种成分、瘤胃的pH等的影响，如果使用不当还会造成育肥牛的中毒。在肉牛育肥的实际生产中，一般体重在350～500千克的育肥牛，每天饲喂50克左右的尿素是适宜的，只要注意饲喂后不能立即饮水，防止肉牛瘤胃的尿素浓度过高和降解，尿素大量进入血液和大量的游离氨都可以产生副作用，引起牛只出现一系列症状乃至死亡。

尿素在饲喂时要混拌均匀，混拌不均匀和过量也会造成中毒。一般在夏季饲喂尿素后1.5～2小时内不要饮水；冬季饲喂尿素后2～2.5小时内不要饮水。如果使用不当会造成的育肥牛的中毒，中毒的症状主要表现为神经症状，如厌食、流涎、呼吸急促、肌肉震颤、行动失调、强直性痉挛，甚至昏迷等。发生中毒后应及时抢救，否则半小时到几个小时即可死亡。治疗可采取以下措施：灌服1.5～2千克食醋，中和瘤胃内的氨，症状严重的要静注生理盐水和利尿药；也可以灌服10%的醋酸钠和5%葡萄糖生理盐水混合液1～1.5千克。

为了降低尿素在瘤胃内的降解速度，可在饲喂时添加脲酶抑制剂，也可将尿素加工处理，制成尿素复合物。尿素复合物是目前开发研究最多的非蛋白氮。尿素复合物的种类主要有甲醛或糖蜜尿素复合物、糊化淀粉等。这类化合物在瘤胃内的降解速度接近于瘤胃微生物利用氨的速率，从而大大提高了氮的利用效率。当前，以胶凝淀粉尿素和糊化淀粉尿素应用最广泛，前途最广。淀粉尿素复合物不仅可为反刍动物瘤胃微生物提供氮源，还可提供优质碳源，从而优化碳氮比。糊化淀粉尿素的加工方法为将尿素与淀粉混匀，在一定温度下糊化制粒而成。

二、非营养性添加剂

非营养性添加剂虽不是饲料中的固有营养成分，本身没有营养价值，但有着特殊的维护机体健康、促进生长和提高饲料的转换效率等作用。

（一）肉牛增重剂的使用

增重剂也称生长促进剂，其作用是通过改善家畜体内的能量和氮的代谢平衡，促进蛋白质的沉积。国外试验结果表明，应用不同的增重剂之后，肉牛的平均日增重可达到9.38%～23.71%。

1.增重剂的种类

增重剂按照来源可以分为四大类：第一类是人工化学合成的，如己烯雌酚、己烷雌酚等激素类增重剂，这类物质可以通过代谢形成具有细胞毒素活性和诱变活性的物质，损害人类健康，而这类代谢物又易残留在肉内，影响肉质。因此该类增重剂已经被许多国家禁止使用。第二类是天然的动物激素增重剂，这类增重剂主要是体内可以合成的雌、雄激素类及其衍生物。第三类是由植物和微生物体内提取的增重剂，这些物质在动物体内具有与雌激素相似的作用，所以又被称为植物激素。这类物质由于在畜体内有残留，因此在我国也被禁止使用。第四类是营养性的增重剂，主要是一些营养因子。

目前，在畜牧业上使用最多的是第二类和第四类，其中激素类增重剂由于其残留的问题，所以它的使用程度在不同国家有所区别。

2. 增重剂的使用

增重剂的使用方法主要是耳根皮下埋植，另外还有注射和口服。用量上，激素类增重剂用量较小，营养性的增重剂用量较大。

3. 增重剂的安全作用

增重剂在牛肉中的残留，可能对消费者健康不利。欧盟共同体国家对增重剂的使用一直意见不一致。英国、法国等国家 20 世纪 50～70 年代在肉牛生产中普遍使用增重剂，到 80 年代由于有些牛肉生产者过分追求增加生产而滥用激素类物质，对消费者造成了危害。1989 年实施了禁止使用激素类增重的法令。

营养性增重剂相对其他增重剂来说，是很安全的。激素类增重剂在牛体内需要一定的代谢时间，因此必须控制好饲喂时间。

(二)瘤胃素

瘤胃素是莫能菌素的商品名，是灰色链球菌的发酵产物，属于一种抗生素。由于在饲料中添加瘤胃素能提高牛的增重和饲料报酬。瘤胃素一般是均匀的混入肉牛精料中进行饲喂的。它可以降低瘤胃液中游离氨基酸的降解速度，同时对转氨基和蛋白质降解有抑制作用，从而减少饲料中蛋白质的降解。另外，它可以抑制瘤胃内乙酸的产生，提高丙酸的比例，从而提高了饲料的利用效率。

瘤胃素使用不当会发生中毒，甚至导致肉牛死亡。放牧期安全用量：0～5 天，每头每天用 100 毫克，6 天以后，每头每天用 200 毫克。舍饲育肥期安全用量以精饲料为主时，每头每天用 150～200 毫克；以粗饲料为主时，每头每天用 200 毫克。舍饲育肥期内，每头每天最高使用量不得超过 360 毫克。使用瘤胃素可按每头每天的饲喂量掺入肉牛日粮中，充分拌匀后分次投喂，也可制成预混料使用。方法是：取商品瘤胃素 500 克（每千克商品瘤胃素内含纯瘤胃素 60 克），玉米粉 200 千克，充分搅拌均匀后，按量分次投喂，可一直用至出栏屠宰。

思考题

1. 肉牛的营养需要包括哪几个方面？
2. 肉牛的精粗饲料加工配制过程中应该注意什么问题？
3. 肉牛添加剂的使用注意事项是什么？

第四章　肉牛的饲养管理

导　读　饲养管理是提高牛群生产水平，获得更高经济效益的重要环节。任何具有高产性能的优良品种，只有在科学饲养管理条件下，才能表现出优良基因的高产水平，充分发挥其生产潜力。如果饲养粗放，管理不当，则其生产水平得不到充分发挥。本章根据繁育母牛、犊牛、育肥牛和优质肉牛的生理特点及各自不同的生产需要，分别对它们的饲养管理进行了阐述。

第一节　牛的生物学特性和饲养管理原则

牛在人们的日常饮食生活中扮演着重要作用，它作为一种大型反刍动物，有其自身独特的生理生长特点，本节就牛的生物学特性和饲养管理原则进行了阐述。

一、牛的生物学特性

（一）牛性情温顺

只要合理调教，细心管理，一般牛都比较温顺。但若经常粗暴对待，就可能产生顶人、踢人等恶癖。因此，对牛不要打骂、恫吓，最好每天刷拭牛体，这样不仅可保持皮肤清洁，预防皮肤病，促进血液循环和新陈代谢，还能培养牛对人的感情，使牛更温顺，利于管理和育肥。牛的鼻镜感觉最灵敏，给牛套上鼻环或用于指、鼻钳子挟住鼻中隔时就能驯服它。

（二）牛有恋群性

放牧时，牛喜欢结成小帮（3～5 头）活动，舍饲时有一半左右的牛要 3～4 头在一起结帮合卧。但牛群中也有争斗，新引进群的牛最好先置于大群中的一个范围内，让个体之间先熟悉一下，可减少争斗。舍饲时宜采用对头式拴系，免除其“后顾之忧”，使牛有安全感，安心吃草。放牧的牛群以 70 头以下为宜，分群时，6～8 月龄育成牛、老牛、病弱牛和妊娠最后 4 个月的牛及哺乳幼犊的母牛，可组成一群。

（三）牛适应性强

牛具有较强的适应外界环境的能力。从国外或外地引入的良种牛，只要自然环境、条件与本地区相类似，就能较快适应新的生活条件。在生产中须积极创造条件，改善饲养环境，加强引进牛或易地育肥牛适应性锻炼，使之在短时间内适应当地条件。肉牛散热机能不发达，较耐寒，不耐热，当环境温度上升超过 27℃时，牛的采食量减少。环境温度从 10℃逐渐降低时，可使牛对干物质的采食量增加 5%～10%，温度过低也会影响增重，浪费饲料。所以，要注意冬季保暖，夏季防暑，牛舍内温度 10～15℃为宜。夏季放牧时以夜牧为主，冬季则宜舍饲。

（四）牛爱吃新鲜饲料

牛不爱吃长时间拱食而黏附有鼻唇镜黏液的饲料，因此喂草料时应做到少添、勤添。下槽后清扫饲槽，把剩下的草料晾干后再喂。

(五)牛采食不仔细

牛无上门齿,采食牧草时,用舌将草卷入口内,上腭齿板和切齿将草切断吞下。牛适宜在牧草较高的草地放牧,当草高度未超过 5～10 厘米时,牛难吃饱,并因“跑青”而大量消耗体力。牛采食整块圆形块根块茎类饲料(如马铃薯等)时,很容易卡在食管内,危及牛的生命。牛的舌面上长有很多尖端朝后的角质刺状凸状物,食物一旦被舌头卷入口中就难以吐出,所以,喂圆形块根块茎要切成片喂。如果饲草饲料中混入铁钉、铁丝异物时,就会进入瘤胃,刺破胃壁,造成创伤性胃炎、有时还会刺伤心包,引起心包炎,甚至造成死亡。因此给牛备料时应格外注意,避免铁器及其锐物混入料中。

(六)牛有反刍的特性

牛对食物不经仔细咀嚼就吞下,进入瘤胃后经过水分的湿润、膨胀和微生物的发酵,又重新返回口腔内细嚼,并再混入大量唾液,然后吞咽入胃,这一过程称为反刍。每次反刍从开始到结束,叫作一个反刍周期。正常成年牛每天有 10～15 个反刍周期。自由采食时,反刍周期均匀地分布在一天之中。白天放牧、舍饲的牛,反刍主要分布在夜间。牛在采食高潮结束后,很快就开始反刍,舍饲牛表现最明显。每个反刍周期持续 40～50 分钟,每天总反刍时间平均为 7～8 小时。牛患病、劳累过度、饮水量不足、饲料品质不良、环境干扰等均能抑制反刍,导致疾病。

(七)牛饮水量大

饮水量受多种因素影响,气温升高,需水量增加;泌乳牛需水量多,每产 1 千克奶,需水 3～4 千克;放牧饲养牛较舍饲牛需水多 1 倍。一般情况下,牛的需水量可按每千克饲料需水 3～5 千克供给。舍饲肉牛一般每天上槽喂料 2 次，喂后下槽饮水，中午可加饮水 1 次。最好是自由饮水。冬天应饮温水(不宜低于 10℃)，以促进采食、消化吸收并减少体温散失，以利于增重。

二、肉牛的饲养管理原则

(一)满足肉牛的营养需要

首先提供足够的粗料，满足瘤胃微生物的活动，然后根据不同类型或同一类型不同生理阶段牛的生产目的和经济效益，组织日粮。日粮的组织应全价营养，种类多样化，适口性强，易消化，精、粗、青饲料合理搭配。犊牛要及早哺足初乳，确保健康；哺乳犊牛可及早放牧，补喂植物性饲料，促进瘤胃机能发育，加强犊牛对外界环境的适应能力；生长牛日粮以粗料为主，并根据生产目的和粗料品质，合理配比精料；育肥牛则以高精料日粮为主进行肥育；对繁殖母牛妊娠后期进行补饲以保证胎儿后期正常的生长发育。

饲喂要做到"四定"，即定时、定量、定序、定人。根据每天的饲喂次数，将饲喂时间固定在一天的某几个阶段，时间相对固定，不要随意更改。定量，就是根据饲养标准，确定每天的饲喂量，一般精料用量在某一阶段是不变的，粗料可酌情放开，少喂勤添，真正做到使每头牛都能吃饱饮足。喂料顺序也应确定，一般采用先粗后精再饮水的做法，饲喂顺序一旦确定也不能随意变动。

(二)严格执行防疫

防疫及其他兽医卫生制度：定期进行消毒，保持清洁的饲养环境，防止病原微生物的增加和蔓延；经常观察牛的精神状态、食欲、粪便等情况；及时防病、治病，适时免疫接种，制订科学的免疫程序。对断奶犊牛和育肥前的架子牛要及时驱虫保健，及时杀死体表寄生虫。要定期坚持进行牛体刷拭,保持牛体清洁。夏天注意防暑降温,冬天注意防寒取暖。定期进行称重和体尺测量,做好多项必要的记录工作,做到牛卡相符一致。

(三)加强饮水,定期运动

要求水质无污染,冬季适当饮用温水,保证饮水充足。适当运动有利于牛只新陈代谢,促进消化,增强牛对外界环境急剧变化的适应能力,防止牛体质衰退和肢蹄病的发生。

第二节　繁育母牛的饲养管理

繁育母牛在肉牛业占据非常重要的基础性作用,直接影响到肉牛业的健康发展。本节就繁育母牛的饲养管理进行了阐述,主要介绍育成期、妊娠期和哺乳期的饲养管理。此外,还对围产期、干乳和空怀期的饲养管理进行了介绍。

受胎率和犊牛断奶重是肉牛业成功与否的两个最重要因素,提高母牛的受胎率和犊牛断奶重是饲养肉用繁殖母牛的根本任务,它们都受饲料、饲养条件的影响,因此,繁殖母牛的生产性能在整个肉牛业中占有重要地位,繁殖母牛饲养的好坏,直接影响到肉牛业的经济效益。为此,必须保证母牛营养的充分供应,繁殖母牛的营养需要包括维持、生长(未成年母牛)、繁殖和泌乳的需要。在各个阶段中,都要保证营养物质的全面供应,要尽量给予母牛喜欢吃的饲料,这些需要可以用粗饲料和青贮饲料满足。繁殖母牛的营养需要受母牛个体、产奶量、年龄和气候的影响。其中母牛个体的影响最大。母牛个体越大,生出的犊牛也越大。母牛体重每增加 45 千克,犊牛断奶重就增加 0.5～7 千克。大型母牛对饲料的需要量高，因此饲养母牛的牛场应该注意：①大犊牛的价格是否能超过母牛多吃饲料的成本；②大犊牛出生时是否会造成难产。母牛产犊率主要受犊牛出生前 30 天和出生后 70 天营养状况的影响，这 100 天是母牛—犊牛生产体系中最关键的时期。

繁育母牛的饲养管理对发挥其生产性能具有举足轻重的作用，饲料营养过多或不足，对生产均会造成不利影响，营养过高，不但提高生产成本，浪费饲料，还易引起胃肠疾病或导致母牛过肥引起不孕；营养不足会使牛的发育或恢复受到影响，繁殖力下降。对于青年母牛，营养水平正常时，达到成年牛体重的 45%时开始发情，否则初情期推迟；营养偏高时，则初情期提前。初情期推迟与提前对母牛的利用都是有害无益。

肉用母牛包括本地母牛、杂交母牛和引进的纯种母牛，它们是肉牛育肥的基础，对于肉牛业的发展具有至关重要的作用。人们饲养肉牛的目的是为了获得尽可能多的牛肉，这就要求更多的健康犊牛参与育肥，而要获得更多的健康犊牛就需要提高肉用母牛的繁殖率，做到一头牛一年或稍长时间产一犊，并保证犊牛体质健康，出生重较大，成活率高。肉用母牛从配种、怀孕到产犊、哺乳，再到配种，是一个完整而各个阶段又相互独立的过程，这个过程贯穿全年，任何一个环节处理不好，都不能达到上述要求。

肉用母牛的饲养与管理一般分为 4 个阶段：犊牛期、育成期、妊娠期和哺乳期，本节主要介绍育成期、妊娠期和哺乳期的饲养管理。此外，还对围产期、干乳和空怀期的饲养管理进行了介绍。

一、育成期的饲养管理

母牛的育成期一般是指从断奶（6 月龄）到初产之间的时期。母牛在育成期内生长速度较快，骨骼、肌肉和消化器官都迅速生长，抗病力较强，但还没有投入生产，对饲养管理要求相对比较简单，但蛋白质饲料比例要求相对高一些。这一阶段也是性成熟及母牛需要为初配、怀孕做准备的时期，饲养管理应给予足够的重视。精心的饲养管理，不仅可以获得较快的增重速度，而且可使幼牛得到良好的发育。此时期主要目的是保证母牛健康生长、发育，并在一定年龄达到一定体重（约为成年体重的 70%），尽早投入繁殖生产。本地母牛性成熟较早，一般14～18 月龄即可配种，有的母牛 10 月龄就可受孕，但配种过早会使母牛的本身发育受到影响，进而影响以后的繁殖性能，因此一般要求体重达到 250 千克以上方可配种。杂交母牛性成熟较晚，一般 16～20 月龄，体重 300 千克以上才可配种。

在育成前期，由于牛的体躯较小，瘤胃还没完全发育成熟，采食量相对较小，对饲料的质量要求相对较高。在农区舍饲条件下，粗饲料应以优质青干草为主，搭配部分青饲料。如果饲喂低质粗饲料，如小麦秸、玉米秸等，应补充一定量的混合精料，混合精料建议配方为：玉米面 65%～70%，豆饼 5%～15%，棉籽饼或花生饼 0～15%，骨粉 1.8%，食盐 1.2%，维生素微量元素添加剂 2%，日饲喂量为体重的 0.5%，也可用糊化尿素 30～50 克代替部分豆饼和棉籽饼。在放牧条件下，夏秋季节一般不需要补饲精料，但如果当地某些微量元素缺乏，则应通过静脉注射或在饲料中予以补充。在冬春枯草季节，育成母牛所采食的营养不能满足需要，应补饲混合精料，配方同上。

在育成后期，育成母牛的体躯已接近成年母牛，瘤胃机能完全发育成熟，采食量大，对饲料质量要求不高，可以大量利用低质粗饲料。饲料应以作物秸秆为主，搭配部分青绿饲料，保证配种前母牛的体况在中等以上，切忌过肥，否则会导致不孕。育成母牛达到适配年龄和体重后，即可进行配种，配种时间不能过早，过早会影响胎儿发育不良，母牛繁殖年限缩短；配种时间也不能过晚，过晚会降低经济效益。配种最好采用人工授精技术，本地母牛引用利木赞、西门塔尔、夏洛来等国外肉牛良种公牛冻精配种产生杂交一代，杂交一代母牛留种，杂交一代公牛直接育肥。杂交一代母牛可引用其他适宜品种的国外良种肉牛冻精配种，生产三元杂交后代，杂交后代全部用于育肥。配种后，如果母牛怀孕，即进入妊娠期，饲养管理也转入妊娠期的饲养管理；如果不孕，仍采用育成后期的饲养管理方法，直至下一个发情周期到来。

育成母牛对饲料质量要求不高，但也不能太差，应保持母牛日增重在 0.4～0.5 千克，营养太差会使母牛生长发育受阻，初次发情期和适宜配种年龄推迟。在舍饲条件下一般以粗饲料为主，补充少量精料；在放牧条件下，如果牧草品质优良，不需额外补充精料，如果草场质量很差，同样需要补料。

决定母牛初配时间的主要指标是体重和体高，而不是年龄，要求青年母牛初配体重应达到成年牛体重的 70%～75%。在这一时期，由于瘤胃容积逐渐增大，产生更多的微生物蛋白质，可少量补充非蛋白氮如尿素、过瘤胃蛋白如酪蛋白等。育成牛实行每天 2～3 次饲喂制度，运动场上设立水槽和食槽，以便补饲干草、矿物质饲料和水。初配后至初产青年牛应饲喂多样、全价日粮，特别是初配受孕 5 个月后要保证蛋白质和能量的供给。配种以后的母牛要喂给含干物质占体重 2%的青粗料，并补喂 3.0～3.5 千克的精料，以满足母牛生长、怀孕积聚养分和初产后泌乳的需要。同时还应注意维生素和矿物质的补充。发育中的育成母牛，要特别注意充分运动，以锻炼体质，晴天时尽可能外出运动，不仅可增强体质，还可接受阳光照射，促进钙、磷的吸收和沉积。

育成母牛的饲养管理应因地制宜，既可舍饲，也可放牧，还可采用放牧加舍饲；既可以白天放牧，晚上舍饲，也可春末至秋初放牧，冬季舍饲；既可拴系饲养，也可散养。育成母牛应与成年母牛分开，舍饲时应设立运动场，以保证育成母牛有充足的光照和运动，因为育成期母牛正处于身体生长发育旺盛的时期，充足的光照和适宜的运动可以促进其肌肉和各个器官的发育。同时每天要刷拭牛体1～2次，每次5～10分钟，以促进血液循环。每日运动2次，每次1.5～2.0小时。每天刷拭1次，每次5分钟。此时，乳房组织处于高度发育阶段，为了促进乳房发育，应按摩乳房。每日早晚各按摩1次，用热毛巾擦拭乳房。

二、妊娠期的饲养管理

母牛的妊娠期是指从怀孕到产犊之间的时期，此时期饲养管理的主要目的是保证胎儿的健康发育，并保持母牛一定的膘情，以确保母牛产犊后分泌足够的乳汁。怀孕母牛体况要适中。怀孕母牛的饲养除满足胎儿生长发育的需要的营养外，还要保证母牛产后大量泌乳和正常发情所需要的营养，因此，母体怀孕后的体况要保持在中上等的膘情，不可过肥，更不能过瘦。要根据母牛膘情，调整日粮组合，膘情差的母牛应适当补饲，增加一些精料；膘情好的母牛，应减少精料数量。肥胖的母牛易发生难产和乳房炎。母牛妊娠期的饲养管理也可分为3个阶段：妊娠前期、妊娠中期和妊娠后期。

(一)妊娠前期的饲养管理

妊娠前期一般是指从受胎到怀孕3个月之间的时期，此时期是胎儿各组织器官发生、形成的阶段，生长速度缓慢，对营养的需要量不大，但对营养质量要求较高。怀孕前两个月，胎儿在子宫内处于游离状态，依靠胎膜渗透子宫乳吸收养分，这时如果营养不良或某些养分缺乏，会造成子宫乳分泌不足，影响胎儿着床和发育，导致胚胎死亡或先天性发育畸形，因此，要保证饲料质量高，营养全价，尤其是蛋白质、矿物元素和维生素A、维生素D、维生素E的供给。对于初产母牛，由于其还处于生长阶段，所以还应满足自身生长发育的营养需要；经产母牛如果不带犊、不挤奶，饲养上只考虑母牛维持和运动的营养需要即可，如果哺乳或挤奶，还应考虑泌乳的营养需要。胚胎着床后至 6 周龄，对养分的需求没有额外的增加，不需要增加饲料的饲喂量。

母牛舍饲时饲料应遵循以优质青粗饲料为主，精饲料为辅的原则；放牧时，应根据草场质量，适当补充精饲料，确保蛋白质，维生素，常、微量元素的充足供应。建议混合精料配方：玉米面 72.5％，饼类（豆饼、豆粕、棉籽饼等）15％，麸皮 8％，骨粉 1.5％，食盐 1％，常、微量元素添加剂 2％。混合精料日喂 1～1.5 千克。

（二）妊娠中期的饲养管理

妊娠中期是指妊娠 92～182 天的阶段。这一阶段，胎儿发育加快，母牛胸围逐渐放粗。营养除了维持母牛身体需要外，全部供给胎儿。应提高营养水平，满足胎儿的营养需要，为培育出优良健壮的犊牛提供物质基础。精饲料组成：玉米面 68％，豆粕 15％，麦麸 15％，盐 1％，矿物质添加剂 1％。每头日喂 1 400～1 500 克，每天饲喂 3 次。保持放牧补饲饲养。冬季补饲青贮玉米等多汁饲料，供给充足的饮水。每天刷拭牛体的同时注意观察母牛有无异常变化。所用料桶和水桶每次用后刷洗干净，晾干。饮水槽要定期刷洗，保持饮水清洁卫生。牛舍要保持清洁干燥，通风良好，冬季注意保温。妊娠中期的饲养管理：重点是保胎，不要饲喂冰冻的饲料，冬季不饮用太凉的水；不刺激孕牛做剧烈或突然的活动；放牧时，选择背风向阳的地方进行短暂的休息。

（三）妊娠后期的饲养管理

母牛怀孕后期，胎儿的生长发育速度逐渐加快，到分娩前达到最高，怀孕最后 2 个月，其增重即占胎儿总重量的 75％以上，需要母体供给大量营养，精料补饲量应逐渐加大。同时，母体也需要贮存一定的营养物质，使母牛有一定的妊娠期增重，以保证产后的产奶量和正常发情。据国外研究报道，妊娠期增重良好的母牛，犊牛初生重、断奶重均高，断奶重约高16%，而且哺乳期还缩短1周。初产母牛还应考虑自身生长发育的营养需要。但也要注意防止母牛过肥，特别是初产母牛，保持中上等膘情即可，过肥容易造成难产。

舍饲时，饲料除优质青粗饲料以外，10%～12%蛋白水平的混合精料每天不应少于1.5～2千克。日粮中总干物质进食量9～11.5千克，粗蛋白含量8%～9%，每日供钙35～40克，磷23～28克。放牧时，由于怀孕后期多处于冬季和早春，应注意加强补饲，否则引起初生犊牛发育不良，体质虚弱，母牛奶量不足。为了满足冬季母牛对蛋白质的需求，在缺乏植物性蛋白饲料的地区，可以采用补充尿素的方法，每头牛每天30～50克，分2次拌入精料中干喂，喂后60分钟内不能饮水。严禁饲喂冰冻、霉烂变质、酸性过大的饲料。建议混合精料配方：玉米面73%，饼类（豆饼、豆粕、棉籽饼等）12%，麸皮10%，骨粉2%，食盐1%，常、微量元素添加剂2%。混合精料日喂量1.5～2千克。

管理方面，要注意母牛安全，怀孕后应做好保胎工作，预防流产或早产，怀孕牛要与其他牛只分开，单独组群饲养。无论舍饲或放牧，都要防止相互挤撞，滑倒，猛跑，转弯过急，饮冰水，喂霉败饲料，放牧应在较平坦的草地。对孕牛保胎要做到六不：一不混群饲养；二不打冷鞭，不打头、腹部；三不吃霜、冻、霉烂变质草料；四不饮冷水、冰水，大汗不饮水，饥饿不饮水；五不赶，吃饱饮足之后不赶，使役不强赶，天气不好不急赶，路滑难走不驱赶，快到牛舍不快赶；六不用，刚配种后不用，临产前不用，产后不用，过饱、过饥不用，有病不用。对舍饲牛，要保证有充分采食青粗饲料的时间，饮水、光照和运动也要充足，每天需让其自由活动3～4小时，或驱赶运动1～2小时。适当的运动和光照可以增强牛体质，增进食欲，保证正常发情，预防胎衣不下、难产和肢蹄疾病，有利于维生素D的合成。每天梳刮牛体一次，保持牛体清洁。每年修蹄一两次，保持肢蹄姿式正常，修蹄应在妊娠前期进行。分娩前最后1周内精料喂量应减少一半。

初产母牛，往往不如经产母牛温顺，在管理上必须特别耐心，并通过刷拭、按摩等与之接触，使其养成温顺的性格，但防止作激烈的旋转或跑跳运动，以防流产。初产母牛在怀孕中、后期，乳腺组织正处于高度发育阶段，此时按摩乳房或用温水清洗乳房，可促进乳腺发育，对提高产奶量有利。按摩一般从妊娠后5～6个月开始，每天1次，每次3～5分钟，至产前半个月停止。初产母牛难产率较高，特别是用国外纯种肉牛配种时，须及时做好助产工作。

此外，以放牧为主的肉牛，青草季节应尽量延长放牧时间，一般可不补饲。枯草季节，根据牧草质量相对肉牛的营养需要确定补饲草料的种类和数量；特别是在怀孕最后的2～3个月，这时正值枯草期，要进行重点补饲。需要指出的是，肉牛由于长期吃不到青草，维生素A缺乏，可用胡萝卜或维生素A添加剂来补充，冬天每头每日喂0.5～1千克胡萝卜，另外要补足蛋白质、能量饲料及矿物质的需要。混合精料补量每头每日0.8～1.1千克。

临近产期的母牛要停止放牧，停止使役，给予营养丰富、品质优良、易于消化的饲料。产前15天，要将母牛移入产房，由专人饲养和看护，估计分娩时间，准备接产工作。另外，产犊的时间控制需要把握好，即产犊时间最好控制在白天，因为这时温度适宜，容易发现临产，并能及时接产，以提高犊牛的成活率，也可减少电力消耗。如在产犊前2周开始把饲喂时间从下午5时推迟到晚上9时，就能使绝大部分犊牛在白天出生。

三、哺乳期的饲养管理

哺乳期一般是指从分娩到犊牛断奶之间的时期，哺乳期饲养管理的主要目的是使母牛尽早产奶，达到并保持足够的泌乳量，以供犊牛生长发育的需要。哺乳期可分为两个阶段，即空怀哺乳期和妊娠哺乳期。妊娠哺乳期与前面讲述的妊娠前期的饲养管理基本一致，这里不再重复论述。

母牛空怀哺乳期是指从产犊到下次怀孕之间的时期，一般为产后20～80天。母牛产犊后体力消耗很大，除了给予保存的羊水温热后饮用外，还要给予36～38℃麸皮水，水中加入麸皮1～1.5千克，食盐100～150克，调成稀粥状。饮麸皮水的目的是补充体内消耗的过多水分，维持母牛体内酸碱平衡，暖腹，增加腹压，帮助母牛恢复体力。采取多次供给，以防造成子宫脱出。有条件的还可给予0.25千克红糖，200毫升益母草膏加适量温水饮用。

母牛分娩后，一要注意观察母牛的乳房、食欲、反刍和粪便，发现异常及时治疗；二要注意观察胎衣排出情况，如果胎衣排出，要仔细检查是否完整，胎衣完整排出后用2%的来苏水消毒阴部和臀部，以防细菌感染，发生子宫炎症。如果24小时后胎衣仍未排出，为胎衣不下，可用促进子宫收缩药：垂体后叶素100单位，催产素8～10毫升，己烯雌酚15～20毫克，肌肉注射。如果48～72小时胎衣仍未排出，应采取手术剥离，剥离后为防止感染可用0.1%的高锰酸钾1 000～2 000毫升冲洗子宫，每日一次，连冲2～3天。

母牛分娩后2周内，体质仍然较弱，生理机能较差，产道尚未复原，乳房水肿也未消退，因此，饲养管理上应以恢复体质为主，不能使役。饲料应以适口性好、易消化吸收、有软便作用的优质青干草为主，日喂量20～30千克，让母牛自由采食。产后3天内，一般饮用豆饼水较好，3天以后，补充少量混合精料，精饲料最高喂量不能超过 2 千克。在产后 1 周内，每天应饮温水。

母牛分娩两周后，母牛身体机能已基本恢复正常，泌乳量开始逐渐上升，饲料喂量应随产奶量的增加逐渐增加，饲料要保证种类多样，粗饲料质量要好，特别要注意蛋白质含量和质量，日粮中粗蛋白含量不能低于 10%，同时供给充足的钙、磷、微量元素和维生素。一般混合精料补饲量为 2～3 千克，主要根据粗饲料的品质和母牛膘情确定。并大量饲喂青绿、多汁饲料，以保证泌乳需要和母牛产后及时正常发情。母牛产后 15 天可轻度使役，30 天后可正常使役。

母牛分娩 3 个月后，泌乳量开始逐渐下降，怀孕母牛正处于妊娠早期，饲养上可逐步减少混合精料喂量，并通过加强运动、梳刮牛体、给足饮水等措施，避免产奶量急剧下降。

对舍饲母牛，青粗饲料应少给勤添，饲喂次序采用先粗后精的饲喂方式，即先喂青粗饲料，后喂混合精料。配合饲料如果喂量大，可采取早晚两次饲喂，量小则晚上一次饲喂即可，喂前先用水浸泡，做成湿拌料。对放牧母牛，应尽量采用季节性产犊，最好早春产犊。这时正好牧草返青，既可保证母牛的产奶量，犊牛跟随母牛放牧，提前采食青草，有利于犊牛生长发育。放牧时应选择质量较好的草场，尽量让母牛吃饱，若牧草质量差，数量有限，母牛体况较差，应对母牛补饲。根据草场质量和母牛膘情，确定夜间补饲粗饲料和精料的种类和数量。无论舍饲，还是放牧，都要保证充足的饮水，成年母牛每日消耗约 60 千克水。配合精料的建议配方为：蛋白质饲料（豆饼、棉籽饼、花生饼等）25%～30%，谷物饲料（玉米面）55%～60%，麸皮 5%～10%，骨粉 2%，食盐 1.5%，维生素微量元素添加剂 2%。

母牛产犊后一般有一段时间的休情期，产后第一次发情的时间受个体牛子宫复原、品种、哺乳次数和哺乳期长短的影响。肉用母牛休情期一般为 20～60 天，因此，在肉用母牛分娩后，应注意观察母牛是否发情，便于适时配种。在选择第一次配种的适宜时机时，还应考虑产后不同间隔的受胎率，理想的第一次配种时间为60天以内。配种后两个情期内，还应注意观察母牛是否有返情现象。如有返情现象，应进行直肠检查，确定是否是假发情，以免误配，造成流产。

在肉用母牛饲养的整个过程中，都要注意疫病防治工作，在大群饲养时，疾病比较容易发生，更应做好传染性疾病的预防工作。

四、围产期的饲养管理

围产期是指母牛分娩前、产后各15天时间。这一阶段对母牛、新生犊牛的健康都非常重要。围产期母牛发病率高，死亡率也高，因此必须加强饲养和护理。

分娩的母牛饲养应采取以优质干草为主，逐渐增加精料的方法。对体弱临产牛可适当增加喂量，对过肥临产母牛可适当减少喂量。分娩前2周，通常给精料2～3千克。临产前7天，可酌情多喂些精料，其喂量也应逐渐增加，但最大喂量不宜超过母牛体重的1%。这有助于母牛适应产后泌乳和采食的变化。但对产前乳房严重水肿的母牛，则不宜多喂精料。此外，要减少食盐与钙的喂量，其钙含量减至平时喂量的1/3～1/2，把钙在日粮干物质中的比例降至0.2%。分娩后3～4天，可逐渐增加精料，每天增加喂量0.5千克。在母牛食欲良好，消化正常和乳房生理肿胀全部消失的情况下，日粮可按标准喂给。在管理上，母牛应在预产期前1～2周进入产房，产房要求宽敞、清洁、保暖、环境安静，并在母牛进入产房前用10%石灰水粉刷消毒，干后在地面铺以清洁、干燥的柔软垫草。临产母牛可单栏饲养并自由运动。饮水要清洁卫生，冬天最好饮温水。

产前要准备好用于接产和助产的用具、器具和药品。在母牛分娩时，要细心照顾，合理助产，严禁粗暴。对于初产牛，因产程较长，更应仔细看管。对初生犊牛也要进行良好的护理。母牛分娩后，常喂给温热麸皮盐水汤，可以补充体液损失及体力，调解酸碱平衡，冬季还可暖腹充饥。配方是麸皮 1.5～2 千克，盐 100～150 克，用温热水调成。

五、干乳母牛和空怀母牛的饲养管理

（一）干乳母牛的饲养管理

干乳期是指母牛停止哺乳或挤奶到再次分娩前的一段时间。干乳是母牛饲养管理过程中的一个重要环节。干乳方法的好坏、干乳期的长短及干乳期饲养管理对胎儿的发育、母体的健康及下一个泌乳期的产量有直接关系。对于肉用母牛来讲，母牛的泌乳力不高，在犊牛 6 月龄断奶后即进入干乳期。对于一些断奶较迟的母牛或饲养条件较差的地区来讲，母牛在分娩前 2 个月左右也停止哺乳进入干乳期。

肉用母牛一般采用快速干乳法，即到预定干乳时间的第 1 天，适当减少精料，停喂青绿多汁饲料，以青干草为主，控制饮水，加强运动，减少哺乳或挤奶次数，改变哺乳时间，使母牛生活规律发生巨大改变，产奶量急剧下降，经过 4～7 天后，产奶量已经很低，这时将乳汁挤净，停止挤奶，用杀菌液将乳头消毒后向乳头孔内注入抗菌药物，再用抗生素油膏封闭乳头孔。在以后一段时间内，经常观察乳房情况，经 10 天左右乳房正常萎缩，表示干乳成功。如发现乳房肿胀变硬，母牛表现极度不安，可把奶挤出，重新采取干乳措施。如有乳房炎症时要及时处理，待炎症消失后再进行干乳。对于乳房已经萎缩、干乳成功的母牛，应增加多汁料和精料的喂量。干乳母牛的饲养可分为干乳前期和后期两个阶段，应加强饲养管理，使母牛为分娩泌乳做好准备。

(1)干乳前期　从干乳开始到产犊前2～3周称为干乳前期。在此期间要使母牛保持中等营养状况，体重比泌乳高峰期提高15%左右，被毛光泽，体态丰满，不过肥或过瘦。对营养不良的高产牛，要提高日粮营养水平，饲料种类丰富多样，品质良好，易消化，不能用冰冻或腐败的饲料。干乳牛的日粮以优质粗料为主，适当搭配混合精料，精料用量一般占母牛体重的0.6%～0.8%，精、粗料比为25∶75，日粮粗纤维含量不低于20%。对初次分娩的育成母牛，应增加10%～15%的饲料定量。

(2)干乳后期　产犊前2～3周至分娩这一段时间称为干乳后期。在此期间，要求母牛有较好的增重，应适当提高日粮中的混合精料水平。加喂混合精料量的多少，要根据当时母牛的体况、食欲情况及预产期确定。如果母牛在临产前4～7天乳房过度发育并肿胀时，可适当减少或停喂精料。如乳房不硬，则可正常饲喂。干乳后期，应给母牛喂低钙日粮，钙占日粮干物质的比例可降到0.2%，另外，还须减少食盐的喂量。产前2～3天，为防止便秘，要在混合精料中加大麸皮的含量。混合精料的组成可参考以下配方：麸皮30%、玉米44%、豆饼16%、大麦10%。干乳期应不喂劣质的粗饲料和多汁饲料。冬季应防止饮用冰冻水和饲喂冰冻的块根块茎料及青贮饲料，以免引起难产、流产及胎衣滞留等。管理上要密切注意观察乳房停乳后的变化，保证乳房健康，保证牛有适当的运动，每天户外活动2～4小时，运动场要平坦，行走时要避免跌倒和急转弯。

另外，干乳期应不喂劣质的粗饲料和多汁饲料。冬季不可饮过冷的水和饲喂冰冻的块根饲料及青贮料，少喂菜籽饼和棉籽饼，不喂腐败霉变饲料及掺有麦角、毒草饲料，以免引起难产、流产及胎衣滞留等疾患，并注意补充钙、磷微量元素及维生素。管理上，要密切注意观察乳房停奶后的变化，保证乳房的健康。要保证牛有适当的运动，以减少蹄病和难产的发生。有条件的地方，应将干乳期牛集中单圈、单群饲养，防止相互拥挤。此外，应保持牛舍干燥、清洁、宁静。

（二）空怀母牛的饲养管理

空怀是指由于繁殖母牛生殖器官疾病、饲养管理不善、过肥、过瘦、气候剧变、繁殖技术失误、老弱久病或掠夺性挤奶而造成的母牛屡配不孕或久不发情，以致造成繁殖母牛本应怀胎而事实上不怀犊的现象。母牛空怀会给养牛者造成很大的经济损失，表现为受配率、受胎率低，饲养成本较高。因此，空怀母牛的饲养管理主要是围绕着提高受配率、受胎率，充分利用粗饲料，降低饲养成本而进行的。繁殖母牛在配种前应具有中上等膘情，过肥或过瘦往往影响繁殖。在日常饲养管理工作中，倘若喂给过多的精料而又运动不足，易使牛群过肥，造成不发情。在肉用母牛的饲养管理中，这是最常出现的，必须加以注意。当然，在饲料缺乏，母牛瘦弱的情况下，由于营养不良也可能会造成母牛不发情而影响繁殖。实践证明，如果在一个泌乳期内给母牛以足够的平衡日粮，同时劳役较轻，管理周到，就能提高母牛的受胎率。瘦弱母牛配种前 1～2 个月加强饲养，适当补饲精料，也能提高受胎率。

母牛发情，应及时予以配种，防止漏配和失配。对初配母牛，应加强管理，防止野交早配。经产母牛产犊后 3 周要注意观察其发情情况，对发情不正常或不发情者，要及时采取措施。一般母牛产后1～3 个情期，发情排卵比较正常，随着时间的推移，犊牛体重增大，消耗增多，如不能及时补饲，往往造成母牛膘情下降、发情排卵受到影响。因此，产后多次错过发情期，则情期受胎机会越来越低。如果出现这种情况，应及时进行直肠检查，摸清情况，慎重处理。一般来讲，成年母牛因饲养管理不当而造成不孕，在恢复正常营养水平后，大多能够自愈。但在犊牛时期由于营养不良以致牛发育受阻，影响生殖器官正常发育而造成的不孕，则很难用饲养方法来补救。若育成母牛长期营养不足，往往导致初情期推迟，临产时出现难产或死胎，并且影响以后的繁殖力。因此，犊牛、育成牛的培育尤应重视，它与母牛的繁殖能力密切相关。

此外，运动和日光浴对增强牛群体质、提高牛的生殖机能有着密切关系。牛舍内通风不良，空气污浊，含氨量超过 0.02 毫克/分米^2，夏季闷热、冬季寒冷、过度潮湿等恶劣环境极易危害牛体健康，敏感的个体、很快停止发情，因此，改善饲养管理条件对提高母牛繁殖力，减少母牛空怀十分重要。

第三节　犊牛的饲养管理

犊牛期是牛生命活动中最迅速的时期，同时，处于这一时期的肉牛具有特殊的生理结构特点，要求较高的饲养管理水平。本节重点就犊牛初生期、哺乳期及如何早期补饲进行了阐述。

犊牛是指从出生到 6 月龄的哺乳牛。此阶段的生长发育，是牛整个生命过程中最为迅速的时期，但犊牛本身免疫机制尚未完全形成，因此免疫力差，对外界环境的适应能力差，对饲养管理的要求较高。犊牛的饲养管理应根据不同的生产目的和生长阶段制定不同的措施。肉用犊牛主要用于生产牛肉，其断奶重的高低对后期育肥的效果影响极大，必须给以充足优质饲料和精心管理，以保证其健康并获得最大的断奶重。对犊牛进行科学的饲养管理，是增加牛只数量、提高牛群品质的重要环节。因此，加强犊牛的培育是非常重要的。

一、犊牛初生期的饲养管理

一般将犊牛出生后10天以内的时期称为初生期，犊牛在初生期内经历了从母体内到外界自然环境的巨大生理变化。在初生期内犊牛本身几乎没有免疫能力，对外界环境的变化十分敏感。这一期饲养管理的重点是防病和促进机体免疫机制的形成。

犊牛出生后一要擦净口鼻，以免影响呼吸而窒息；二要擦净犊牛体表黏液，并让母牛舔净其身上的羊水；三要断脐带，对已断裂的脐带用5%的碘酊消毒，对未断裂的脐带进行结扎，用消毒剪刀剪断，并对断端消毒。正常情况下，脐带在出生后1周左右干燥脱落，否则可能是发生了脐炎，应及时治疗。

初乳是指母牛产后7天内分泌的乳汁，它不仅含有犊牛发育所必需的蛋白质、能量、维生素和矿物质，还含有犊牛抗病所必需的免疫物质—抗体，具有特殊的生物学价值，是出生犊牛不可缺少的营养物质。因此，为使犊牛能获得较多的营养和发挥初乳的特殊功能，要让犊牛尽量在0.5～1小时内吃上初乳，以促进犊牛排出胎粪，提高免疫力和抵抗力，保证健康发育。第一次初乳的喂量一般为1.5～2千克，体质虚弱和个体很小的牛为0.75～1千克。如果母牛由于某些原因造成犊牛吃不到初乳，则需用人工乳代替。人工哺乳的犊牛每天可按体重的10%左右计算初乳喂给量，每天喂3次.喂乳要定时、定量、定温。人工乳建议配方为：鸡蛋2～3个，鱼肝油15毫升，鲜牛奶500毫升（或奶粉25～30克加水冲至500毫升），食盐8～10克，充分搅拌均匀后，加热至38～40℃喂犊牛，每天4～5次。

在舍饲条件下犊牛最好饲养在专门的犊牛舍内，犊牛舍应事先进行严格消毒，并保持清洁、干燥、卫生，冬季注意保暖，夏季要注意通风防暑。犊牛每天只吃初乳和常乳，并保证奶的温度在

35～38℃，温度过低会导致犊牛患胃肠疾病。犊牛出生7天后，可随母牛牵至室外或运动场内自由运动半小时。在放牧条件下，犊牛一般出生后即跟随母牛哺乳，但要保证其吃上、吃足初乳。

此外，正确的哺乳方法，在犊牛的管理工作中占有重要的地位，随母哺乳法、保姆牛法和人工哺乳法是主要的犊牛饲养方法。

(1)随母哺乳法　让犊牛与其生母在一起一直到犊牛断奶采取自然哺乳，为了给犊牛早期补饲可在母牛栏设一犊牛栏，这种方法对兼用牛不适合，对母牛产奶量有一定的影响。

(2)保姆牛法　选健康无病，乳及乳头健康的同期分娩母牛作保姆牛，再按每头犊牛日食4～5千克的乳量标准选择数头年龄相近的犊牛固定哺乳，将犊牛和保姆牛关在隔有犊牛栏的同舍内，每天定时哺乳3次，并注意在犊牛栏内设水槽和饲槽，以便于补饲。

(3)人工哺乳法　这是肉牛生产中值得推广的哺乳方法，犊牛于出生后一直采用人工哺乳，哺乳时实行三定，即定时、定温、定量。哺乳次数为5周龄内每天喂3次，6周龄以后喂2次。全期哺乳量为250～300千克。

二、犊牛哺乳期的饲养管理

犊牛初生期过后即进入哺乳期，在哺乳期内犊牛要经历一个重要的转变，即从采食单一乳汁到乳汁和精粗饲料的转变。在这一时期，对犊牛应根据不同生产目的采取不同的饲养管理方法。

犊牛如果生产小牛肉，应采取舍饲方法，牛舍内要认真做好消毒，并严格遵守卫生防疫程序，饲料全部用全乳和人工乳。全乳效果好，但成本较高，现多采用人工乳，每千克增重约需1.3千克干代乳料或人工乳。代乳料的配制可参照国外标准，一般要求粗蛋白20%，粗脂肪15%，粗纤维0.2%，钙1.2%，磷0.7%，钾1.25%，镁0.004%，铁0.012 5%，硫胺素0.000 8%，核黄素

0.002 5%，硒 0.000 01%，维生素 A 6 万国际单位/千克，维生素 D_3 2 万国际单位/千克。犊牛用于生产小牛肉一般在 6～8 周龄时即屠宰，因此不需要进行断角和阉割。

肥育犊牛进行直线育肥时一般在 12 月龄左右屠宰，此时公牛尚未完全表现出第二性征，对肉质影响很小，因此，在进行直线育肥时国外越来越多的肉牛生产者不再对公牛阉割，以充分利用公牛生长快的特性。犊牛 3 月龄以前一般不需要补充其他饲料，3 月龄后适当补饲部分优质青粗饲料和混合精料，但青粗饲料的比例不能过高，以防形成草腹。

为增强犊牛的体质，促进身体发育，应保证犊牛每天运动一定时间，并经常接受光照，同时每天刷拭牛体 1～2 次。

三、早期补料

在我国传统的饲养方式犊牛一般 6 月龄断奶，断奶前跟随母牛吃乳，不补料。而肉用犊牛由于初生体重大，生长发育快，单靠母牛的乳汁远远不能满足其营养需要。据测定，体重 50 千克，日增重 500 克的犊牛，即使喂全乳，也只能满足蛋白质的需要，而能量仅能满足其需要量的 66%，微量元素、维生素更为缺乏，因此，对肉用犊牛实行早期补料具有特别重要的意义。大量的资料还表明，过长的哺乳期虽然能获得较高的日增重和断奶重，但成本高，且不利于犊牛消化器官的发育，以致影响以后的体型和生长性能。

（一）早期补料的优点

（1）提高断奶重　据山东省农科院畜牧所试验，利木赞杂一代犊牛从 3 月龄开始，根据不同的体重补给相应的混合料，到 6 月龄断奶时，体重可达 180～220 千克，平均日增重 830 克，而不补料的杂交犊牛仅为 156 千克，可提高增重 15%～41%。

(2)提高饲料报酬　从 3 月龄到 6 月龄断奶，在哺乳期内，补料犊牛仅消耗 1 千克左右混合料就能增重 1 千克，如果排除母乳对增重的作用，也仅消耗混合料 2.8～3.2 千克，饲料报酬与猪近似。

(3)促进犊牛前胃的早期发育　犊牛吃母乳时，乳汁不经过瘤胃、网胃和瓣胃，而通过食管沟直接进入真胃消化吸收，因此单吃母乳，前胃会由于得不到精、粗饲料的刺激，正常的瘤胃微生物菌群建立不起来，也会影响到其本身的发育。通过早期补料，6 月龄断奶后直接育肥，12 月龄体重可达 400 千克以上，周岁即可出栏，而不补料的断奶犊牛育肥，一般要到 14～15 月龄才能达到 400 千克体重出栏。

(二)早期补料的方法

肉用犊牛早期补料一般从 2～3 月龄开始。补饲时在母牛圈外单独设置犊牛补料栏或补料槽，以防母牛抢食。每天补喂 1～2 次，补喂一次时在下午或黄昏进行，补喂两次时，早、晚各喂一次。补料时将混合精料与水 1∶2.5 混合成湿稠料。喂量要根据母乳多少和犊牛的体重来确定，一般 2 月龄时开始试喂混合料，增强犊牛对补料的适应性；3 月龄日喂混合料 0.2～0.3 千克；4 月龄日喂混合料 0.3～0.8 千克；5 月龄增加到 0.8～1.2 千克；6 月龄 1.2～1.5 千克。在补料期间，供给犊牛柔软、质量好的粗料，让其自由采食。

早期补料配方为：玉米面 47%，麸皮 18%，豆饼 10%，棉籽饼 5%，玉米秸粉（或干草粉）15%，骨粉 1.2%，食盐 0.8%，添加剂（含微量元素和维生素）3%。

四、犊牛断奶

犊牛3～6月龄时，体重超过100千克以上，已能利用一定的精料及粗饲料，可以断奶。人工哺乳根据哺乳方案，采用减少喂奶量和喂奶次数断奶；自然哺乳的犊牛采用逐步断奶法断奶，将母子分开。即将小牛移入断乳牛舍，最初可隔日吃一次母乳，而后隔2日吃一次，到10日左右完全断乳。

五、犊牛的疾病防治

犊牛刚出生时，消化道处于无菌状态，胃肠道pH近似中性，极利于微生物的繁殖，再加上皮肤的保护机能很差，犊牛很容易患病。犊牛生后10天内最易患白痢病，也叫犊牛大肠杆菌病。特别是生后1～3天，能引起犊牛抵抗力下降的各种因素都能诱发该病发生。该病首先通过消化道，其次通过脐部感染。病原存在于污染的垫料、奶桶、用具等。犊牛初排出淡黄色、粥样恶臭粪便，继而出现水样浅灰色粪便，常表现为腹疼，用后腿踢腹，重症者出现痉挛。治疗白痢以补液抗菌为主，抗菌可用氯霉素、新霉素、链霉素等，也可用酞磺胺噻唑3～5克，研成细末与乳品混合后喂服或灌服。有的犊牛也发生营养性下痢，多由于饲喂全乳或代乳品过多或质量不好，如饲喂的全乳中带有乳房炎奶、酮病奶，代乳品中碳水化合物和蛋白质质量不符合要求，脂类品质不良，添加量过多或过少，代乳品的稀释浓度不适，乳品温度过低等都能造成营养性下痢，发现后应找出发病原因，及时预防。

犊牛出生后两个月内也常发生肺炎，主要是由于环境温度骤变引起，病牛出现咳嗽、流鼻涕等支气管炎症状，精神沉郁，食欲废绝，体温39～41℃，治疗可用卡那霉素，每千克体重15毫克，新霉素，每千克体重4毫克，肌肉注射，每日2次，连用7天。吃不上初乳的犊牛，要肌肉注射维生素A、维生素E混合剂，每天用量按维生素A 25万～50万单位，第2天后每日喂给金霉素250毫克，溶于代乳品中，在早饲时1次喂下，连续1周，可起防病治病的作用。

第四节　育肥牛的饲养管理

肉牛育肥是肉牛饲养的最后阶段，也是决定肉牛养殖经济效益的关键阶段。本节首先就世界各主要牛肉生产国的肉牛育肥制度进行了阐述，之后重点介绍了几种主要的育肥技术实施过程中的管理原则及具体过程。

肉牛在出售或屠宰前的一定时期内，应用易消化的谷物饲料催肥，以提高肉产量和改善肉品质的方法，称为肉牛的肥育。育肥肉牛包括幼龄牛、成年牛及老残牛。育肥的目的是科学应用饲料和管理技术，以尽可能少的饲料消耗，获得高日增重、优质牛肉和取得最大经济效益。

一、肉牛的肥育制度

在不同的国家或地区，因自然条件、饲养习惯或消费者对牛肉要求的不同，产生了不同的肉牛肥育制度。下面介绍当今一些国家采用的肉牛肥育制度，作为发展我国肉牛生产的借鉴。

(一)英国的肉牛肥育制度

英国普遍地采用4种肉牛肥育制度。

1. 乳用肉牛业的肥育制度

根据产犊时间分 2 种方式。

(1)秋产犊牛肥育　秋季产的犊牛，就地饲养过冬，第二年夏季放牧，冬季肥育，屠宰。饲养期 16～18 个月。

(2)冬产犊牛肥育　冬季产下的犊牛，第二年夏季放牧，用中等营养水平的牧草加谷物组成的日粮过冬。18 月龄起催肥，24 月龄或更长一点时间育成屠宰。

2. 专用肉牛业的肥育制度

根据犊牛出生的季节分 2 种方式。

(1)秋产犊牛肥育　秋季产的犊牛，随母牛哺乳过冬季。断奶后放牧。第二年冬季以谷物加牧草的日粮强度肥育，饲养期共 15～16 个月。

(2)冬产犊牛肥育　冬季产下的犊牛，随母牛哺乳过冬。断奶后放牧饲养。秋后以青贮料及干草为主的日粮饲养过冬。来年夏季以谷物加牧草或放牧加补饲方式催肥。饲养期共 18～20 个月。

3. 架子牛肥育制度

英国不仅利用国内的架子牛搞专业化的易地育肥，且每年从国外购入约占全国商品肉牛数 10% 的架子牛。购入的架子牛年龄为 1 岁左右。以谷物加牧草或放牧加补饲方式肥育。饲养 6～10 个月，即肉牛在 18～24 月龄时肥育结束，出售屠宰。

4. 小公牛肥育制度

小公牛不去势，直接肥育至屠宰体重。这种肥育方式，其日增更高，饲料转化效率好，胴体品质优良，高级牛肉的相当部分来自这种肥育方式的牛。饲养效益高于阉牛。

(二)美国的肉牛肥育制度

美国肉牛业的肥育制度比较单一，采用易地育肥。具体方法是把西部地区繁殖的犊牛，断奶后转移到粮食较多的中部玉米产区，肥育详情如下。

(1)商品犊牛繁殖场　商品犊牛繁殖场以饲养母牛、种公牛为主。把每年繁殖的犊牛，除按一定的比例留种作为后备母牛以外，其余犊牛全部在 16 月龄后卖出。同时把当年未孕母牛也淘汰。因此，这种牛场到年末只养怀孕母牛、种公牛及后备母牛，不养肥育牛。

(2)育成牛场　育成牛场也称拍卖牛场，即收购那些断奶体重不足 320 千克的犊牛，依靠优良的牧草放牧或补饲精料，经 2～3 个月的饲养，体重达到 320 千克即出卖给强度肥育场。不养种牛和肥育牛。

(3)强度肥育牛场　从繁殖牛场或育成牛场收购体重 320 千克以上的犊牛，经过 100 天左右的强度肥育，体重达 450～500 千克，出售屠宰。不养种牛。

在美国的肉牛业中极少由繁殖场把犊牛饲养到屠宰活重(450～500 千克)再出售给屠宰加工厂的。易地育肥牛不仅来自国内，而且每年从墨西哥、加拿大等国进口约占美国总肥育牛数的 3%(120 万～130 万头)。

美国实施易地育肥的制度已有几十年的历史。这种育肥制度给美国的肉牛业带来了生机，养牛数量增加，出栏率提高，屠宰率及胴体品质、高档牛肉产量和质量均属世界之首，他们的一些做法很值得国人借鉴。

(三)澳大利亚的肉牛肥育制度

澳大利亚肉牛的肥育方式有 2 种，即开放式和集约式。

(1)开放式　在降雨量较低(年降雨量 200～400 毫米)的澳大利亚北部、中部和西部地区，肥育牛以天然牧草为主。地广畜少，任意采食，管理粗放。牛肉品质较差。

(2)集约式　在年降雨量较高(400～1 200 毫米)的南部和东南

部地区，养牛主广泛采用先进的种草工艺(技术)，生产优质牧草，分区轮牧。在放牧的同时补喂精饲料或配合饲料，管理较细，生产的牛肉品质较好。

(四)我国正在探讨的肉牛肥育制度

(1)6 月龄犊牛肥育制度　春季产的公犊牛，随母牛群哺乳至当年 11～12 月(即 6 月龄)时断奶，断奶后马上转移到精料条件较好(或气候较暖和)的地区越冬。越冬期精料占日粮 30%左右，舍饲，在 12 月龄时，开始加强饲养，最后强度肥育 100～120 天，18 月龄体重可达 450 千克以上，出售或屠宰。

(2)12～14 月龄犊牛肥育制度　犊牛在草原过一个冬季，在 12～14 月龄时转移到饲料条件较好的育肥场，经 4 个月的一般饲养后，强度肥育 4 个月，至 20～22 月龄，体重可达 450 千克以上。

以上 2 种肥育制度，生产的肉牛屠宰率高，胴体品质好，高档部位肉块重，为高档优质肉牛国产化提供了技术数据。

这 2 种肥育制度都可以在国内推广，但笔者更倾向于第 1 种肥育制度。原因有：①从牧区来说，出售当年牛犊受益较多，既减少了犊牛的冬春死亡、减少了越冬期的管理工作、减轻了草场载畜量，又可以推广“母牛—犊牛系统”，增加牛群中母牛的比例，促进牧区养牛专业化，提高牧区的经济效益。②从肥育场来说，购进 6 月龄犊牛，到第二次越冬时牛只已肥育结束上市屠宰，不再第二次越冬，从而减少饲养费的支出，增加了饲养的经济效益。③所生产的牛肉能达到优上等品质。④便于运输。同样的运输工具，运送犊牛的数量大于架子牛，从而降低运输成本。

(3)易地育肥制度　易地育肥牛，从年龄上看，小的有刚断奶(即 6 月龄)的，大的有 7～8 岁甚至有更大的；从性别上看，绝大多数为犍牛，也有少数公牛；体重 150 千克以上不等。下面仅介绍体重 300～350 千克的架子牛易地育肥情况。这种体重的架子牛，由产犊区转移到另一地区（主要是农区），经过10～15天的过渡饲养，强度肥育120～130天，体重达到450～500千克出售或屠宰。

易地育肥牛饲养方法主要有2种：

围栏肥育：采用自由采食、自由饮水的饲养方式。牛只被围在每牛只有4～5米^{2}的围栏里。食槽昼夜有饲料，水槽内始终有清洁饮水，肥育牛随时可吃料饮水。

拴系舍饲肥育：牛只拴系在木桩上，木桩与绳的长度以仅能让牛起卧为准。定时采食（2～3次/天）和饮水（2～3次/天），在牛舍内采食，拴在舍外休息。群众称之为“站牛”、“槽牛”。

二、肉牛育肥管理应遵循的原则

1. 合理分群

根据牛的性别、大小、年龄、体重和生长速度相似的原则将牛分成不同的群，以便于管理。

2. 合理运动

青年牛持续育肥时每天需要必要的运动，这是因为青年牛正处于生长的快速阶段，适宜的运动可保证其身体健壮，增加采食量，提高对饲料的消化率。架子牛和老牛、淘汰牛则应尽量限制其运动，因为运动量越大，维持需要量越高，饲料用于增重的就越少。

3. 牛舍和牛体卫生

牛体要经常刷拭，以促进血液循环，增加食欲，一般为每天1～2次。环境要保持安静，谢绝外人参观，以避免牛受到惊扰，影响增重。牛舍和用具要定期消毒。牛舍冬季做好保温，夏季做好防暑。

4. 定时、定量、定人员

定时以增进牛的采食和反刍；定量以减少饲料浪费；定人员以便于观察牛的情况。要保证充足的饮水，饲料要尽量保持稳定，每次更换饲料要逐渐替换,约需2周的时间。

5.称重

每月早晨空腹时称重一次,根据称重情况调整日粮配方和精饲料饲喂量,对增重差的牛,要查明原因,该淘汰的要及时、坚决淘汰。

肉牛育肥是肉牛饲养的最后阶段,也是决定肉牛养殖经济效益的关键阶段。肉牛育肥应根据生产目的和牛源的不同以及当地的生产条件因地制宜地制定饲养管理规程。

三、持续育肥技术

在我国由于受传统习惯和饲养方式的制约,牛很少做到周岁出栏,而西方国家大量采用肉牛周岁出栏技术进行育肥。我国的实践证明,对断奶肉用犊牛给予适宜的饲料和喂量,加上科学的管理,充分发挥其生产性能,完全可以做到周岁出栏。

1.肉用犊牛早期补料,提高断奶重

犊牛断奶重越大,断奶后生长潜力越大。杂交肉牛虽然具备了亲本的优良基因和杂交优势,初生重大,生长速度快,但这仅仅是内因,能否充分表现出来,还决定于外界的环境条件。如果营养不足,管理不当,杂交肉牛仍然生长不好,一旦造成发育受阻,比当地牛表现还要差。而早期补料不仅可以节省饲养成本,还可促进犊牛消化道特别是瘤胃的早期发育,使犊牛更早的适应大量采食粗饲料的饲养条件,解决单靠母乳不能满足犊牛营养需要的矛盾,从而获得较高的日增重和断奶重。

2.青年牛育肥,周岁出栏

犊牛断奶后,就进入青年牛时期。这一时期牛具有可塑性大,生长发育速度快,饲料报酬高,肉质鲜嫩等特点,是商品肉牛育肥的最佳时期。要达到周岁出栏的目标,必须充分利用这一时期的特点，采取直线育肥的方法，使青年牛始终保持较高的日增重。

所谓直线育肥就是在犊牛断奶后就地转入育肥阶段进行育肥，或由专门化育肥场收购集中育肥。直线育肥的方法很多，既可采取放牧加舍饲的方法，也可全部舍饲，在草场优良的地区还可全部采用放牧的方式。放牧加舍饲的方法又可分为白天放牧，夜间舍饲；盛草季节放牧，枯草季节舍饲。放牧和放牧加舍饲的方法可以大量节省精饲料，降低饲养成本，但日增重稍低，一般 15～18 月龄才能出栏。在草场质量优良的地区，例如，澳大利亚、新西兰等国家，通过合理调整豆科牧草和禾本科牧草的比例，不仅能满足牛的生理需要，还可提供充足的营养，不用补充精饲料也可使牛保持 1 000 克以上的日增重，但最好通过添盐砖等补充一定量的食盐、钙磷和微量元素。

青年牛完全采用舍饲育肥时，一般采用高精料育肥日粮，辅以优质粗饲料和精心管理，使牛始终保持高达 1 000 克以上的日增重。这种方法虽然饲养成本高，但可大大缩短饲养周期（周岁即可出栏），提高饲料转化率，而且出栏牛的肉质非常细嫩，深受西方国家的欢迎，因此总的经济效益并不差。其具体方法是：

犊牛断奶后，第一个月为适应期，在这期间，主要使其适应更换的育肥日粮，并进行驱虫、健胃，驱虫可选用左旋咪唑、阿维菌素、伊维菌素等，健胃可选用健胃散等。从第二个月开始，转入强度育肥，强度育肥所用精料为以玉米、豆饼、棉籽饼等高能、高蛋白饲料为主配制而成的全价混合饲料，粗饲料以酒糟、青贮饲料、氨化秸秆和优质青干草为主。日粮要求含粗蛋白 11%～16%，综合净能 23～55 兆焦，钙 33～40 克，磷 15～20 克，日粮干物质采食量占体重的 2%～3%。在强度育肥的前期，肉牛的增重以蛋白质增加为主，要求混合精料中的蛋白含量要高一些，为 13%～15%，混合精料在日粮中所占比例 40%～60%，为体重的 0.8%～1.2%。在强度育肥的后期，混合精料蛋白含量为 11%～13%，在日粮中所占比例60%～70%，为体重的1.2%～1.5%。混合精料可以是粉状，喂前要先用水浸泡，粗饲料要铡短，任牛自由采食不限量，也可将精粗饲料混合制成颗粒饲料，以提高饲料的利用率和饲养的经济效益。育肥牛一般日喂3次，食后饮足清水。断奶犊牛经持续育肥后，一般在12月龄可达400千克以上，达到周岁出栏标准。

建议混合精料配方前期为玉米面60%～65%，麸皮10%～15%，豆饼5%，棉籽饼(或花生饼)15%，骨粉1.8%，食盐1.2%，肉牛育肥专用添加剂2%；后期为玉米面72%～75%，棉籽饼15%(或豆饼10%～12%)，麸皮5%～8%，骨粉1%，食盐1%，肉牛育肥专用添加剂2%。

四、架子牛短期育肥技术

青年牛持续育肥虽然可获得高的日增重和较好的经济效益，但需耗费大量的精饲料。犊牛断奶后，不直接进行育肥，而是充分利用农副产品和粗饲料，促其长起“架子”，然后进行短期强度育肥，使其增加体重，改善肉质，这种育肥方法称为架子牛短期育肥。肉牛短期集中育肥具有育肥时间短，可以节约大量精饲料，饲养成本低，对饲养管理水平要求较低，经济效益好等优点，因此在我国应用十分普遍。

1. 架子牛选择

架子牛选择的好坏是架子牛育肥成功的前提，应尽可能选择有育肥潜力的架子牛入栏喂养。选择标准为：健壮、早熟、早肥、不挑食、饲料报酬高。具体操作时要考虑品种、年龄、体重、性别和体质外貌等。

(1)品种、年龄　品种应选择杂种牛，在相同的饲养条件下，杂种牛的增重、饲料利用效率和产肉性能都优于我国地方黄牛。在我国目前最好选择夏洛来牛、利木赞牛、皮埃蒙特牛、西门塔尔牛等肉用或肉乳兼用公牛与本地黄牛母牛杂交的后代。杂交牛缺乏的地区可选用当地的大架子牛，当地大架子牛价格低，易于购买，有较高的经济效益。杂交肉牛可选择1.0～1.5岁，本地品种牛选择2～4岁。

(2)体形外貌　体形外貌选择是鉴别架子牛的健康状况和育肥前途的重要手段。应选体型大、脊背宽、生长发育好、健康无病的架子牛。牛皮要松软、有弹性，用拇指与食指捏起一拉像橡皮筋，用手插入后裆一拉一大把，这样的牛易育肥、增重快。

(3)体重　年龄相同的架子牛体重不同，增重效果也不同。因此，一般情况下1.5～2岁(或15～21月龄)的牛，短期快速育肥应选择体重在300千克以上的架子牛。

(4)性别　架子牛的性别影响育肥效果，公牛的生长速度和饲料转化率优于阉牛，且公牛瘦肉多，脂肪少。因此，在短期快速育肥选择架子牛时，首先应选公牛，其次才选阉牛和母牛，以提高育肥效果。

2.架子牛的快速肥育

一般架子牛快速肥育需120天左右，可以分为3个阶段，即过渡期，约15天；育肥前期，约45天；育肥后期，约60天。

(1)过渡期　对新进架子牛应先实施过渡饲养，即先采取自由采食粗饲料，逐步添加精料至过渡期结束。这一时期主要是让牛熟悉新的环境，适应新的草料条件，消除运输过程中造成的应激反应，恢复牛的体力和体重。每天应观察牛的精神状态、采食情况、粪尿情况，发现异常情况及时处理，并做好称重、防疫、驱虫、健胃、决定公牛去势与否等工作。过渡期应按体重大小、体质强弱等情况合理分群，转入育肥前期饲养。

(2)育肥前期　此期架子牛应逐渐增加采食量，诱导食欲，按照要求供应饲料，注意精粗料比例，以确保达到规定的增重要求。这个时期育肥牛已完全适应各方面的条件，生长速度加快，应增加各种饲料的喂给量，日粮蛋白质含量为11%，精料日喂量3～4千克，粗饲料自由采食，以满足牛高速生长的需要。

(3)育肥后期　此期肉牛对干物质的采食量要达到10千克以上，日粮粗蛋白质水平为10%，精料比例较高，保证肉牛快速增重。这一时期的育肥常称为强度育肥。为了让牛能够把大量精料吃掉，这一时期可以增加饲喂次数，原来喂2次的可以增加到3次，且保证充足饮水。

育肥期内以精料为主，精料为高能、低蛋白的全价混合饲料，日喂量以每100千克体重给1千克混合精料为宜。为降低成本，粗饲料可选用当地量足价廉的作物秸秆，也可饲喂氨、碱化秸秆、青贮饲料和优质青干草，粗饲料任意采食，不限量。有条件的地方，最好喂给部分酒渣(啤酒渣更好)，每头每天的喂量为10～15千克，喂酒糟时，由于酸度过大，应在精饲料中加入0.3%～0.5%的小苏打。喂饲时，可先料后草，也可草料混喂，日喂2～3次。

建议精饲料配方：玉米面72%～75%，棉籽饼15%(豆饼10%～12%)，麸皮5%～8%，骨粉1%，食盐1%，肉牛育肥专用添加剂2%。

第五节　优质肉牛的饲养管理

随着人们生活水平的提高，高档牛肉越来越受到大家的青睐，本节重点介绍了高档牛肉的饲养管理，包括需要具备的养殖条件、怎样选牛、育肥前的准备及育肥管理等方面的内容。

优质高档牛肉是指能做高档食品的优质牛肉，如牛排、烤牛肉等。生产高档牛肉是一项难度较大的高新技术，它标志着一个国家或地区养牛生产的水平。目前，高档牛肉一般仅供应高档星级宾馆、饭店或出口,价格高昂。其中牛柳、西冷等优质部位的肉块,在国内售价为每公斤120～180元,出口价更高。高档牛肉要求肉质鲜嫩,肌肉间夹杂适量的脂肪,形成肉脂间层的大理石状花纹,所做食品,要求口感不油腻,不干燥,鲜嫩可口。

根据烹饪要求和肌间脂肪含量的多少,又有"东方高档牛肉"和"西方高档牛肉"之分。"东方高档牛肉"的消费以日本、韩国为主,要求肉牛年龄为2～3岁,肌间脂肪沉积越多越好,并有适当的嫩度,主要做牛排和铁板烤牛肉;而"西方高档牛肉"要求嫩度越高越好,肉牛年龄24月龄以下,肌间沉积有适量脂肪即可,主要做牛排之用。生产"西方高档牛肉"的方法主要有小白牛肉生产、青年牛持续育肥和12～18月龄牛的短期育肥,前面已详细论述,本文主要介绍生产东方高档牛肉技术。

一、需具备的条件

(1)规模　要具备饲养一定规模(200头以上)、设施完全的育肥场地。

(2)来源　稳定的饲草、饲料来源和肉牛来源。

(3)能力　具备一定标准的肉牛屠宰、分割、排酸、保存加工车间和牛肉冷藏运输能力,具备活牛运输能力。

二、选牛

选用年龄1～2岁,体重在350千克以上的纯种或杂交肉用公牛。要求牛健康无病,发育正常,体躯长,背腰宽平,后躯发育好,整体结构匀称,肉用性能明显,采食能力强,性情温驯。鲁西黄牛、秦川牛、渤海黑牛等地方良种牛也可用于生产优质高档牛肉,但优质高档肉块所占比重较小。

三、育肥前的准备

(1)隔离观察　对选用的牛进行10～15天的隔离观察。观察其饮食、粪便、反刍是否正常。进行布氏杆菌病、结核病的检疫,病牛予以淘汰。

(2)健胃与驱虫　对育肥牛用敌百虫40毫克/千克体重,左旋咪唑8毫克/千克体重,别丁60毫克/千克体重1次性灌服进行驱虫。驱虫后3天,灌服健胃散500克/每次,每天1次,连服2～3天。

(3)编号与分群　对每头进行编号,可用耳标标记,以便记录和管理。根据体重、年龄进行合理分群,使每群牛的差异达到最小,以有利于饲养管理。

(4)性别选择　性别对牛肉的品质影响较大,无论是从风味还是从嫩度、多汁性等方面均有影响。此外,性别对于肉牛生产性能有较大的影响,综合各方面因素,通常用于生产高档牛肉的牛一般要求是阉牛。因为阉牛的胴体等级高于公牛,而生长速度又比母牛快。因此,在生产高档牛肉时,应对育肥牛去势。去势时间应选择在3～4月龄以内进行较好。其优点是可以改善牛肉的品质。日本、韩国、英国等国家一般是去势育肥。

四、育肥

优质肉牛育肥的总技术要点需遵循以下原则:育肥期末肉牛体重应达到600千克。高档牛肉的品质和产量与牛体重密切相关,宰前活重达不到600千克,牛肉的多汁性、大理石纹理结构和嫩度都达不到高档牛肉的级别要求。育肥高档肉牛,应采取高能量饲料平衡日粮、强度肥育技术及科学的管理。用于生产高档牛肉的优质肉牛，在犊牛及架子牛阶段可以放牧饲养，也可以围栏或拴系饲养，最后必须经过100～150天的强度肥育，日粮以精料为主。在肥育期所用饲料必须是品质较好的，对改进机体品质有利的饲料。各种精饲料原料如玉米、高粱、大麦、饼粕类、糠麸类须经仔细检查，不能潮湿、发霉，也不允许长虫或鼠咬，否则将影响牛的采食量和健康。精料加工不宜过细，呈碎片状为好，有利于牛的消化吸收。优质青粗饲料包括正确调制的玉米秸青贮，晒制的青干草，新鲜的糟渣等。作物秸秆中豆秸、花生秧、干玉米秸等营养价值较高，而麦秸、稻草要求经过氨化处理或机械打碎，否则利用率很低，影响牛的采食量。若有牧草丰茂的草地，小架子牛可以放牧饲养。饲料中棉籽饼、血粉及含铁高的饲料会使牛肉的颜色加深；胡萝卜、南瓜、青草、黄玉米、红色或黄色甘薯等含胡萝卜素和花青素多的饲草均会使牛肉中脂肪的颜色变黄。草料中有特殊气味的，例如，饲草、鱼粉、酸败的油脂之类喂量过多，会使牛肉带类似的异味。另外，还需特别注重规范化的管理，肥育前要注射疫苗，保持牛体健康；日喂3次，先草后料，再饮水；保持畜舍清洁卫生，通风良好。冬季注意保暖，牛舍温度不低于10℃；夏季注意防暑，牛舍温度不高于30℃，畜舍湿度保持在75%以下。

生产高档牛肉所需要的育肥时间较长，视牛的肥度而定，一般为8～12个月。育肥期可分为两个阶段：增重期和肉质改善期。前期为增重期，长4～6个月，此期饲养的主要目的是促进肌肉的生长，尽量加大优质肉块的比例；后期为肉质改善期，长2～6个月，此期饲养的主要目的是向肌纤维中间沉积脂肪。

1. 增重期

育肥牛购进后，由于饲养方式和饲料种类发生巨大的变化，需经过1个月左右的适应期，使其逐步适应以精饲料为主的饲养管理方式，如果是未阉割的牛，阉割后的恢复期可以作为适应期。适应期内精饲料的饲喂量应由少到多逐渐增加，7～10天达到规定喂量，粗饲料要保持均衡供应，不要轻易更换。增重期的精料参考配方：玉米面72%，豆饼8%，棉籽饼15%～16%，骨粉1.3%，食盐1.2%，添加剂1%～2%。每70～80千克体重喂1千克混合精料，精料占总日粮的60%～70%；粗饲料以青贮玉米秸、氨化麦秸和酒糟等为主，粗饲料占总日粮的30%～40%。育肥牛不要喂太饱，喂至8～9成饱即可。喂时先精料后粗料，日喂3次，定槽专人饲养，喂后放入室外运动栏内饮水。做到室内、牛体环境卫生清洁。

2. 肉质改善期

阉牛体重达到450～500千克时即可逐步换成肉质改善期的日粮。在此期内阉牛的增重逐渐变慢，主要以沉积脂肪为主，以形成肌肉的大理石花纹。肉质改善期的精料参考配方：玉米面82%～83%，豆饼12%，油脂1%，骨粉1.2%，添加剂1%～2%。每60～70千克体重喂1千克混合精料，精料占总日粮的70%～80%，粗饲料与增重期相同，占日粮20%～30%。在肉质改善期内，由于牛的肥度逐渐增加，食欲会逐渐减退，加之精饲料的喂量很大，为增加采食量，最好将各种饲料混合制成颗粒饲料。

3. 肥度评定

高度肥育的牛，背腰宽平，骨结节不明显，阴囊充盈，充满脂肪，下手抓脂肪厚度大、后裆向两大腿伸展（俗称开裆），体重达600～700千克以上，胴体表面脂肪覆盖率80%以上。

五、屠宰、分割与质量评定

肉牛育肥是生产高档牛肉的基础，是非常重要的一环，如果屠宰分割达不到标准，则会前功尽弃。我国目前还没有优质高档牛肉生产的国家屠宰、分割标准，可参照普通肉牛的标准进行。优质高档牛肉的分割根据用户的需要和要求，一般进行12～17部位分割,高档肉块主要是牛柳、西冷和眼肉。牛柳为里脊,沿耻骨的前下方把里脊头剥出,然后由里脊向里脊尾逐个剥离腰椎横突,取下完整的里脊。西冷为外脊,沿最后尾椎切下,从眼肌腹壁一侧(离眼肌 5～8 厘米向前)用切割锯切下,在 9～10 胸肋处切断胸椎,逐个把胸、腰椎剥离。眼肉的一端与外脊相连,另一端在第 5～6 胸椎外,剥离胸椎,抽去筋腱。

其他高价肉块如烩扒、尾龙扒、针扒、膝圆、腰肉按部位分割修整。

优质高档牛肉的质量评定标准目前还没有国家标准,但在国家"九五"重点攻关课题"肉牛规模化养殖及产业化技术研究与开发"项目中山东、河北、河南分别提出了地方标准,同时还可参照日本质量评定标准和美国质量评定标准。

思考题

1. 牛具有怎样的生物学特征?
2. 牛的饲养管理中应遵循的原则有哪些?
3. 育成期繁育母牛的饲养管理中应该注意什么?
4. 什么是肉牛的围产期? 围产期应该注意什么?
5. 如何饲养管理哺乳母牛?
6. 犊牛早期补饲的优点及方法是什么?
7. 犊牛哺乳期应该注意的问题有哪些?
8. 犊牛断奶过程应该注意的问题有哪些?
9. 肉牛的主要育肥技术有哪些? 各自应该注意的问题是什么?
10. 如何选择架子牛?
11. 高档肉牛育肥前需要做哪些准备工作?
12. 优质肉牛育肥不同阶段的注意事项是什么?

第五章　肉牛健康养殖的卫生防疫要求

第一节　肉牛场内外环境控制

一、传染病流行基本条件

对于肉牛饲养来说危害最大的是传染病。传染病往往是个体发病，扩展流行成全群、整个地区乃至更大范围。但任何传染病必须具备三个基本条件，即传染源、传播途径、易感动物。只有三个条件同时存在并相互联系时才会传播流行蔓延成为传染病。

（一）传染源

肉牛属于反刍偶蹄动物，传染源主要是受感染的病牛或其他一些动物，包括无症状的隐性感染的带毒、菌牛或其他类似动物。

（1）病原体　患病牛和病死牛的尸体在急性过程或者病程转归阶段的病牛可从粪便或其他分泌物中排出大量致病力强的病原体，为了控制和消灭传染源，要求及时隔离或淘汰病牛，对病牛尸体要严格无害化处理。

（2）病原携带者　病原携带者是指外表无明显症状但携带并排出病原体的病牛，其中有潜伏期病原携带者、恢复期病原携带者和健康病原携带者(隐性带菌者)。特别是那些外表健康的种牛，可携带诸如蓝舌病病毒、布氏杆菌等，通过胎儿将疾病垂直传给下一代，所以对种牛需定期检疫及时淘汰。

(二)传播途径

指病原体有传染源(病牛)排出后，经过一定的方式再侵入其他易感牛的途径。牛传染病的常见传播途径有：

(1)空气传播　由于牛群密集饲养，加之通风不良，某些存在于病牛呼吸道内的病原体可通过咳嗽或呼吸引起飞沫传染，同时某些污染在环境中的病原体，以尘埃为传播工具，飘扬在空中，造成尘埃传染。这些都属于呼吸道传播，一般以冬、春季节多见，如牛传染性鼻气管炎、牛肺疫、牛流行性感冒等。

(2)污染的饲料和饮水传播　也就是通过消化道传播，当病牛分泌物、排泄物、尸体污染了水源、饲料或饮水卫生不良、饲料霉烂变质、许多传染病、寄生虫病和中毒性疾病都是从口而入的，所以防治饲料的污染、注意饮水的卫生有十分重要的意义。

(3)被毛、皮屑传播　有些病原体可存在病牛的被毛囊或皮屑中，并且对外界环境有较强的抵抗力，往往可存活数月，一旦落在牛舍的角缝中，消毒药液不易达到，存在潜伏的传播机遇。

(4)设备用具传播　这种现象在一些中小型牛场常可见到，如几个牛群共用一套清洁工具，有的对饲料袋、运输车辆等不经消毒，在场内外反复使用，成为许多疾病交流和传递的工具。

(5)牛混群传播　有些牛病对犊牛易感，可引起流行，造成较大的危害，而成年牛则有耐受性，或许有的已经通过免疫接种，具有一定的抵抗力，不表现出明显的临诊症状，但可成为带菌者、带毒者或带虫者，一旦与犊牛混养，往往是引起某些疾病暴发的原因。

(6)活的媒介传播　活的媒介范围相当广泛，如鼠、猫、犬等哺乳动物，蚊、蝇等节肢动物，以至人类都成为机械性病源。

(7)人类传播　饲养人员、兽医工作者、外来人员或参观者随意进入牛场接触牛群，这些人就有可能不知不觉地被病原体污染了手套、衣服、鞋袜以及身体表面，常常在疾病传播中起着十分重要的作用，尤其是接触过病死牛或从疫区过来的人员，则危险性更大，是牛群暴发急性传染病的一个重要因素。

(三)易感牛群

指对病原体没有抵抗力的牛群，牛群对于每种传染病病原体感受性的大小或牛群中易感个体所占的百分率高低，直接影响到传染病能否在牛群中流行或造成危害的程度，牛群对传染病的易感性决定于下列因素：①牛饲养管理水平。如营养不良，牛群拥挤，环境恶劣等因素能使牛的抵抗力下降，对疾病的易感性增加。②牛群存在的病原。牛群中普遍存在寄生虫病或其他慢性传染病，则增加了对急性传染病的易感性。③牛群的抵抗力。不同品种、日龄的牛对某些传染病的抵抗力亦有差别，一般说来，成年牛较犊牛的抵抗力强，但犊牛存在母源抗体，对某些传染病则有一定的抵抗力。④免疫接种的质量。牛有许多传染病可以用疫苗免疫接种，其免疫效果好坏，除了与疫苗的种类、质量有关外，还与免疫接种技术、防疫密度、免疫程度合理与否等因素有关，搞好免疫接种，是提高牛群抗病力的关键。

二、牛场的内外环境

根据牛场防疫卫生原则，对场址的选择、建筑物的安排、设计的样式和设备等，提出一定的要求，各牛场应结合本场的具体条件对场址进行认真的调查研究和选择。因为它对以后的生产水平、投资回收、经济效益等的影响很大。为此必须考虑地势、水源、雨量、交通、疫情等自然条件。并注意将来发展的可能性，既有足够的面积，又不浪费土地。一般注意以下几个问题：

(1)场址的选择　牛场要求建在地势高阔，便于排水，水源充足，有供电保证，既要远离主干公路、居民区和村庄，又要考虑到交通运输的方便和工作人员生活的安定。

(2)建筑物的安排　各栋牛舍间要有一定的距离，大型牛场至少相距 20 米，牛舍结构要求冬暖夏凉，便于通风，注意防鼠、犬、猫进入。

(3)设计的样式　牛场要建 3 米以上的高墙，有条件的牛场在场周围要设防疫沟和防疫隔离带，场内道路要划分净道和脏道，饲料车、饲养人员走净道，粪车走脏道，场外运输的车辆不能进入生产区。生产区内运输，另有专用车辆解决。

(4)地势　牛场的生活区和生产区应严格分开，饲草饲料贮存库(池)应建在牛场的上风头，兽医室、病死牛处理场、粪便处理池应设在牛场的下风头。

(5)水源　牛场的水源充足，水质良好，符合饮用水标准，若不通自来水，则要自建深水井和水塔，要求水 pH 最好在6.5～7.5，碱最高含量为 400 毫克/千克，硝酸盐最高含量 45 毫克/千克，硫酸盐最高含量 250 毫克/千克，氯化钠最高含量 1 000 毫克/千克，此外要注意大肠杆菌含量不能超过规定标准。

(6)制度　不许牛场工作人员在场外及自己家中饲养牛和从事与牛有关的业务，牛场工作人员所需的牛肉，必须经检疫无病的，最好有本场供应。

(7)防疫　推行“全进全出制”，从肉牛饲养到上市，都是整批进整批出，育肥牛入场前经检疫，并在隔离牛舍内饲养观察 15 天左右确定无疫病方可入大群(育肥至上市前在一个牛舍内)，一批牛出去后牛舍须经清洗、消毒、空置 1～2 周再引进下一批育肥牛，这样可大大减少疫病，因为很多疫病都有一定的周期，

“全进全出制”不给疫病有一个循环的机会，事实证明，许多肉牛养殖场采用这一制度后，防疫效果很好。

(8)消毒　人员、车辆进出必须消毒，工作人员进入生产区都要经过消毒，更换衣服和鞋，车辆进场也要消毒(来历不明的车不准进场)，要严格限制参观者，必须参观的也要同工作人员进场一样对待。实践证明这是一项行之有效的防疫措施。

第二节　肉牛场的检疫、隔离和封锁

集约化育肥肉牛饲养的特点是规模大、密度高、生长快、效益好，因此得到了迅速地发展，但同时也存在着疫病多、传播快、控制难、风险大，使养牛业面临威胁。一个肉牛养殖场若不能有效地控制疫病流行，而不断被各种疫病所困扰，使牛场的经济效益受到严重影响。

肉牛养殖场的疫病按现代的动物医学技术水平是完全可以控制的。要制订好一个切实有效的防疫程序，又必须与各牛场的性质、规模、经济和技术水平等具体条件相结合，为此本文介绍牛场防疫卫生工作的一般原则。

一、检疫

就是应用各种诊断方法对肉牛进行疫病检查，在收购、交易、运输、饲养、屠宰过程中，可通过检疫及时发现病牛，并采取相应措施，防止疫病的发生和传播，这是一项重要的防疫措施。从广义上讲，检疫是由专门的机构来执行的，并以法规为依据，本文指的是牛场内部的检疫，是以保护本场牛群的健康为出发点做好以下几方面的检疫工作:①种牛要定期进行检疫,对垂直传播的疾病如蓝舌病、布氏病、结核病、副结核病、传染性鼻气管炎、黏膜病、白血病、钩端螺旋体病、焦虫病等13种病呈阳性反应者,一律不得作为种用。②若从外地引进种牛,必须了解产地的疫情和饲养管理情况,要求无垂直传播的疾病,对于种牛要监督并按规程接种好各种疫苗。③育肥牛场要定期采血抽样进行慢性疫病监测,特别要做好牛结核病、布氏病等的检测,发现病例及时淘汰。④对牛的饮用水、饲草、饲料进行细菌学检查,若细菌含量超标或污染病原菌等有害因素不得使用。

二、隔离

通过各种检疫的方法和手段,将病牛和健康牛分开,分别饲养,其目的为了控制传染源,防止疫情继续扩大,以便将疫情限制在最小的范围内就地扑灭,同时也便于对病的治疗和对健康牛开展紧急免疫接种等防疫措施。隔离的方法根据疫情和牛场的具体条件不同而有别,一般可划分为三类,应区别对待。

(1)病牛　包括有典型症状或类似症状,或经其他特殊检查阳性的牛是危险的传染源,若是烈性传染病,应根据有关规程条例规定认真处理。若是一般疾病则进行隔离,少量病牛应将病牛剔出隔离,若是数量较多,则将病牛留在原舍,对可疑感染牛进行隔离。

(2)可疑感染牛　未发现任何症状,但与病牛同舍或有过明显的接触,可能有的已处于潜伏期,也要隔离,进行药物防治或其他紧急防疫措施。

(3)假定健康牛　除上述两类外,牛场内其他牛只均属之,也要注意隔离,加强消毒,进行各种紧急防疫措施。

三、封锁

当牛场暴发某些重要的烈性传染病时，如口蹄疫、炭疽、狂犬病等应严格进行封锁，限制人、动物和其他产品进出牛场，对牛群进行无害化处理，环境彻底消毒。

以上是对一般牛场而言，若是大型牛场或种牛场即使在无疫病流行的情况下，平时也应与外界处于严密的封锁和隔离状态。

第三节　肉牛场的消毒

消毒的目的是消灭传染源污染在外界环境中的病原微生物，它是通过切断传播途径，预防传染病的发生并阻止传染病继续蔓延，是一项重要的防疫措施。

一、消毒的种类

(一)预防性消毒

指结合平时的饲养管理对可能受病原体污染的牛舍、场地、用具和饮水等进行消毒，预防性消毒的内容广泛，消毒对象多种多样，如牛场进出口的人和车辆的消毒设施，牛群全出后的笼舍消毒，饮水消毒等。

(二)疫源地消毒

指对当地存在或曾经发生过传染病的疫区进行的消毒。其目的是杀灭由传染源排出的病原体，根据实施消毒的时间不同，可分为随时消毒和终末消毒。

(1)随时消毒　指疫源地内有传染源存在时实施的消毒措施，消毒对象是病牛或带菌(毒)牛的排泄物、分泌物，以及被它们污染的厩舍、场地、用具和物品等，其特点是需要多次反复进行。

(2)终末消毒　指被烈性传染病感染的牛群已死亡，淘汰或全部处理后，已消灭了传染源，对牛场内外环境和用具进行一次全面彻底的大消毒。

二、消毒的方法

(一)喷雾消毒

即将消毒药配制成一定浓度的溶液，用喷雾器对需要消毒的地方进行喷洒消毒。此方法方便易行，大部分化学消毒药都用此法。消毒药液的浓度按各药物的说明书配制。消毒液的用量，按消毒对象的性质不同而有差别，参考剂量如表 5-1 所示。

表 5-1　不同消毒对象所需消毒药液的用量　　毫升

消毒对象	每平方米面积消毒液的用量
木质建筑物	50～70
砖质建筑物	70～80
混凝土的表面	60～80
黏土砖的建筑物	90～100
土地、运动场地	100～300

(二)熏蒸消毒

适用于小型饲养户，能密封的牛舍。常用福尔马林配合高锰酸钾等进行熏蒸消毒，此法的优点是熏蒸药物能分布到各个角落，消毒全面，省工省力，但要求牛舍密闭，消毒后有较浓的刺激气味，牛舍需通风 7 天。

具体操作时应注意：消毒时室内温度不低于 17～18℃，舍内的用具等都应开启，以便使气体能通过周围，盛福尔马林的容器不得放在地面上，必须悬吊在空中。药品的用量是：每立方米空间应用福尔马林 25 毫升，自来水 12.5 毫升，高锰酸钾 25 克。计算好用量，将水与福尔马林混合，倒入容器内，关闭牛舍门窗，然后将高锰酸钾倒入，立即有棕色的烟雾蒸发出来，经过 24～36 小时后方可将门窗打开通风。

三、消毒时应注意的问题

(1)清空　大消毒前应把全部牛清理出去后进行。

(2)清扫　机械清扫是搞好消毒工作的前提，据试验结果表明：用清扫的方法可使牛舍的细菌减少 21.5%，如果清扫后再用清水冲洗，则牛舍内细菌能再减少 50%左右，清扫冲洗后再用药物消毒，牛舍内的细菌数即减少 90%。

(3)消毒药　影响消毒药作用的因素很多，一般来讲消毒药的浓度、温度及作用时间等与消毒效果成正比，即浓度越大，温度越高，作用时间越长，其消毒效果越好。

(4)用法　每种消毒药的消毒方法和浓度应按说明书配制，对于某些有挥发性的消毒药，应注意保存方法。

(5)注意事项　有些消毒药具有挥发性气味如福尔马林等，有些消毒药对人及牛的皮肤有刺激作用如苛性钠等，因此消毒后不能立即进牛，或作无害化处理后再进牛。

(6)药效　几种消毒药不能混用，以免影响药效。但在同一消毒场所，几种消毒药可以先后使用，以提高消毒效果。

(7)测定　有条件的牛场应对消毒药的消毒效果进行细菌学的测定。

四、几种常用的消毒药

在牛场的防疫实践中，常用化学药品的溶液进行消毒。化学消毒的效果决定与许多因素，例如病原体抵抗力的特点，所处环境的情况和性质，消毒时的温度、药剂的浓度、作用时间的长短等。在选择化学消毒剂时应考虑消毒力强，对人、牛的毒性小，不损害被消毒物体、易溶于水、在消毒的环境中比较稳定、价廉易得和使用方便等。

根据化学消毒剂对蛋白质的作用，主要分为以下几类：①凝固蛋白质类的化学消毒剂，如酚类及其衍生物、醇、酸等；②溶解蛋白质的类化学消毒剂，如氢氧化钠、石灰等；③氧化蛋白质类的化学消毒剂，如漂白粉、氯化铵、过氧乙酸等；④阳离子及其他类化学消毒剂，如福尔马林、戊二醛、环氧乙烷等。以上各类消毒药都有其特点，牛场可按实际情况选择使用，现介绍几种常用消毒药：

(1)酚类溶液　由于带有苯环有一定的致癌性，现已不用，故不做介绍。

(2)氢氧化钠　又称苛性钠、烧碱。本品对细菌、病毒都有强大的杀灭力，且能溶解蛋白质。易吸水分而潮解，故应密闭保存。对组织、金属和纺织品都有腐蚀作用，消毒后要用水冲洗饲槽、地面，方可进牛。常用2%～3%的水溶液喷洒消毒或作为牛场进出口的消毒池用药。

(3)过氧乙酸　本品为无色透明的液体，易溶于水和有机溶剂，具有弱酸性，易挥发，有刺激性气味，并带有醋酸味，高浓度遇热易爆炸，宜用稀释液现配现用。本品的杀菌作用快而强，抗菌谱广，对细菌、霉菌和芽孢均有效，对组织有刺激性、腐蚀性，可用于牛舍、场地等环境的消毒，对牛、人无害。市售浓度多为20%左右。用0.5%溶液喷洒消毒牛舍、饲槽、车辆等；0.04%～0.2%溶液用于玻璃、搪瓷和橡胶制品等的浸泡消毒；5%溶液喷雾消毒实验室、无菌室、仓库等。

(4)漂白粉　本品为白色颗粒粉末，有氯臭，主要成分为次氯酸钙，遇水产生次氯酸，而次氯酸又可放出活性氯和初生态氧，呈现杀菌作用，能杀灭细菌、芽孢、病毒及真菌。消毒作用强，但不持久。酸性环境杀菌作用强，主要用于厩舍、畜栏、饲槽、车辆等的消毒。久露空气中吸收水分分解。用5%～20%混悬液喷洒或干粉末撒布，0.1%的水溶液可用于饮水消毒。本品应保存于密闭、干燥的容器中，放于阴凉通风处。

(5)福尔马林　含甲醛36%～40%的水溶液，正常情况下为无色透明的液体，有刺激性臭味，能与水或乙醇任意混溶。放置在冷处(9℃以下)，因聚合作用而浑浊。常加入10%的甲醇或乙醇可防止甲醛的聚合变性。其杀菌作用认为甲醛与微生物蛋白质结合，引起蛋白质变性具有强大广谱杀菌作用，对细菌、芽孢、真菌和病毒均有杀灭作用。5%甲醛酒精溶液，可用于术部消毒；10%的甲醛溶液可用于治疗蹄叉腐烂；4%～8%的甲醛溶液可作喷雾、浸泡消毒、也可作熏蒸消毒；2%～4%的水溶液用于喷洒墙壁、地面、饲槽等；1%的水溶液可用于牛体表消毒。熏蒸消毒时本品用量为25毫升/米^{3}空间。

(6)高锰酸钾　本品为黑紫色结晶粉末，无臭，易溶于水呈粉红色。是一种强氧化剂，在酸性环境中杀菌作用增强。高锰酸钾还原后所生成的二氧化锰，能与蛋白质结合成蛋白质盐类复合物，故有收敛、止泻作用。0.1%的溶液能杀死多数繁殖型细菌，内服0.1%的高锰酸钾溶液可治疗急性肠胃炎、腹泻等，还可用于氰化物中毒时洗胃，治疗毒蛇咬伤等；外用冲洗黏膜及创伤、溃疡等。此外常利用高锰酸钾的氧化性能加速福尔马林蒸发而起到空气消毒作用，还有防腐、防臭的功能。

(7)新洁尔灭　属季铵盐类阳离子表面活性剂，呈胶状液体，水溶液为碱性。同样性质和作用的有洗必泰、消毒净、度米芬、创必龙等，都有毒性低、性质稳定、消毒对象范围广的特点，对一般病原菌都有强大的杀灭作用，除结核杆菌、霉菌和炭疽芽孢外。0.1%～0.5%的水溶液用于黏膜（阴道、膀胱等）及深部感染伤口的冲洗；0.1%的水溶液用于浸泡器械、玻璃、搪瓷、橡胶制品等的消毒，也可用于皮肤消毒；0.15%～2.0%水溶液用于牛舍内喷雾消毒。

(8)百毒杀　是一种季铵盐类阳离子表面活性消毒剂，其特点是以两条石蜡长链取代两个甲基基团，再结合杀菌力强的溴原子代替氯原子，使杀菌力倍增。本品消毒对象的范围广，适用于牛舍、环境和饮水消毒。5 000倍稀释可用于或定期用于饮水消毒，有防霉、除臭等功效；2 000倍稀释用于牛舍、环境、饲槽、器具消毒。

(9)抗毒威　是一种以二氯异氢尿酸钠为主的复方消毒剂，呈白色粉剂，易溶于水，性能稳定，对细菌繁殖体、芽孢、病毒、真菌孢子均有较强的杀灭作用，是一种新型、广谱、高效、迅速、安全的新产品。0.5%～1%溶液可杀灭细菌病毒，5%～10%溶液可杀灭芽孢。可用于牛舍环境的喷洒消毒，喷洒浓度为400倍稀释。干粉可消毒粪便，用量为粪便的1/5。

第四节　肉牛场的寄生虫防治与灭鼠

一、杀体外寄生虫

主要是杀灭牛的体外寄生虫，如虱、蚤、螨等，以及环境中的节肢动物蚊、蝇、虻等。而这些体外寄生虫和小节肢动物都需要依赖潮湿和温度适宜的环境生存，因此在牛场清理积水极为重要。这些体外寄生虫可以影响牛的采食、休息，严重的可使牛神经紧张，无法入睡，影响食欲，导致增重下降。小节肢动物可以机械性的传播疾病如寄生虫卵，同时飞来飞去扰闹牛。

搞好牛场的杀虫工作应注意以下几个问题：

(1)当牛舍或牛体发现体外寄生虫时，将牛群从被污染的牛舍内移走，并仔细检查，用杀虫药杀灭，并对牛舍全面消毒杀虫处理。

(2)及时清除牛舍附近的垃圾、杂物和乱草堆，疏通水道，对污水沟消毒，搞好牛场周围的环境卫生。

(3)牛舍保持通风良好，地面干燥，避免牛舍积水，消除蚊蝇的滋生场所。

(4)使用灭蚊蝇灯。该灯为特制的电光灯，灯光为紫色，蚊蝇有趋向这种光的特性，而向灯光飞扑，当触及带有高压电的金属网，即被电击死。以及一些物理屏蔽和黏贴物等。

(5)化学药物杀虫，如蝇毒磷、敌敌畏、除虫菊、溴氰菊酯等杀虫药，由于蝇对毒药易产生耐药性，故交替用药。人畜要避免接触、吸入或误食。

二、育肥牛场内寄生虫的防治

育肥牛的内寄生虫主要包括吸虫、绦虫、线虫和原虫以及牛皮蝇蛆。吸虫、绦虫可以用氯硝柳胺或丙硫苯咪唑药物防治；线虫可以用伊维菌素防治；原虫主要是球虫和焦虫，可以分别用氨丙啉和贝尼尔防治；牛皮蝇蛆可以用蝇毒磷或敌百虫防治。一般肉牛育肥场可以采用下列驱虫程序：①3月丙硫苯咪唑口服，驱杀体内由越冬幼虫发育而成的线虫、吸虫及绦成虫。②5月氨丙啉和磺胺喹恶啉口服，预防夏季球虫病发生。③6月定期用敌杀死等药液喷雾以驱杀蚊、蝇，进行环境消毒。④7月丙硫苯咪唑口服，防治夏季线虫、吸虫和绦虫感染。⑤10月阿维菌素注射/口服/瘤胃投控释丸，预防当年10月至次年3月间牛的线虫、疥癣、虱等外寄生虫病的发生，同时可扑杀牛体当年繁殖的幼虫、成虫。

三、灭鼠

牛场的鼠害非常普遍，损失严重，表现在盗食饲料、咬毁器物、传播疾病等。鼠类繁殖力极强，鼠类的适应力范围广，即使新上的牛场也会很快发生严重的鼠害。

灭鼠工作应从两方面进行：一方面是根据鼠类的生态学特点防鼠、灭鼠；另一方面是控制鼠类繁殖和活动，使鼠类在各种场所的生存的可能性达到最低限度，使它们难以得到食物和藏身之处，如经常保持畜舍及周围地区的整洁，及时清除饲料残渣，使鼠类得不到食物。在牛舍建筑方面应考虑防鼠要求，在墙基、地面、门窗等方面应力求坚固密闭，发现漏洞及时堵塞；同时采取多种方法杀鼠、灭鼠。灭鼠的方法大体分两类：器械灭鼠和药物灭鼠。

（1）器械灭鼠　利用各种工具，以不同的方式扑灭鼠类，如关、夹、压、套等多种方法以及电子捕鼠器。要注意诱饵的选择、放置的时间和方法。

(2)药物灭鼠　依据药物进入鼠体的途径可分为消化道药物和熏蒸药物两类。消化道药物主要有磷化锌、安妥、敌鼠钠盐和氟乙酸钠等;熏蒸药物包括氯化铵和灭鼠烟剂等,一般用来杀灭野鼠,使用时可以和器械灭鼠结合。灭鼠的方法较多,各场因地制宜选用,才能有效扑灭鼠害。

第五节　肉牛场的免疫防治综合技术

疫苗是根据免疫学的原理,利用病原微生物自身繁殖的产物为基础,经过减毒或弱化加工处理制成,接种肉牛使其产生抵抗力,免于感染某种特有传染病。疫苗包括菌苗和毒苗,毒苗是预防病毒性疾病的生物制品,菌苗是预防细菌性疾病的生物制品。疫苗的种类很多,按毒株的强弱又分为弱毒苗(活苗)和灭活苗(死苗)两大类。按剂型又可分为冻干苗、液体苗、干粉苗、油剂苗、组织苗、佐剂苗等,近年来又出现了多价苗和联苗,随着科学技术的发展,新一代的亚单位疫苗、基因工程苗、合成肽苗等也受到人们重视。此外寄生虫疫苗也开始进入生产领域。一种良好的疫苗应具备以下条件:安全性能好,无明显的副反应;能产生较强的免疫力(保护率高)和保护时间长;性能稳定而易于保存;使用方便,便于大面积防疫;价格合理,供应充足。目前牛的疫苗存在一些缺陷,完全符合这些条件的不多,因此应加强对牛用疫苗的研究和开发。

现代规模化饲养牛的数量大,密度高,随时都可受到传染病的威胁,为了防患于未然,平时应对牛群进行有计划的预防接种。牛用疫苗的接种途径有皮下、皮内和肌肉注射;接种后15天左右即可获得数月至一年的免疫力。因此搞好免疫接种是牛场兽医监督的一项重要内容。

一、预防接种的注意事项

(1)冷藏　生物药品怕热,特别是活菌苗和活疫苗必须低温冷藏,保存时防止温度聚变,运输时要有冷藏设备,使用时不可将疫苗靠近高温或在阳光下曝晒。

(2)检查　使用前要逐瓶检查,注意疫苗瓶有无破损,封口是否严密,瓶签有关药品的名称、有效日期、剂量、使用方法、疫苗的批号以及检验号是否清楚等,若出现问题便于查找。

(3)消毒　注意消毒,使用生物药品的用具,如针头、注射器、滴管、稀释瓶等,都要提前洗干净,并经煮沸消毒方可使用。针头做到一头牛换一个,吸取药液一次不能吸完的疫苗,不要拔出吸液的针头,便于继续,切勿用注射牛后的针头吸苗,以免污染整瓶的疫苗。

(4)稀释　需稀释的疫苗要根据每瓶规定的头份、用稀释液稀释,无论是生理盐水、缓冲盐水、蒸馏水或铝胶苗,都要求瓶内无异物杂质,并在冷暗处存放。已经打开的疫苗须当天使用完,剩余的应废弃,切忌用热的稀释液稀释疫苗。

(5)程序　必须执行正确的免疫程序。预防不同的传染病应使用不同的疫苗,即使预防同一种传染病有时也要根据具体情况选用不同的毒株号或类型的疫苗,由于牛的年龄、抗体水平和疫苗类型等因素不尽相同,要根据免疫检测的结果,制定和执行正确的免疫程序,只有这样才能使疫苗产生有效的免疫力,达到预防传染病的目的。

(6)正确免疫　了解和掌握本地区或本场牛群传染病的疫情

和流行特点。接种疫苗是为了预防传染病，所以必须了解疫情和流行病，有的放矢的购买和使用相应的疫苗；牛群必须在健康的情况下接种疫苗才能真正发挥作用；发病牛或不健康的牛不宜接种疫苗。

(7)护理　免疫接种后要搞好饲养管理，减少应激因素，接种疫苗后并非万事大吉，接种疫苗后要经过7～14天才能使牛机体产生一定的免疫力。这段时间内，防止病原入侵。

(8)保存期　疫苗的保存期。各种不同类型的疫苗保存期和保存方法是不同的，一般来讲，活苗需要低温保存，灭活苗保存在4℃左右为宜。各种疫苗的保存温度和保存期参看说明书。液体苗切忌反复冻融。

使用疫(菌)苗等各种生物制剂，日常有计划地进行预防接种，疫病发生早期对牛群进行紧急免疫接种，此方法是规模化肉牛场综合防疫体系中的重要环节，也是构建肉牛业生物安全体系的有效措施之一。

二、常用于肉牛的疫苗

常用于牛的疫苗如表5-2所示。

三、药物预防

为保证肉牛育肥过程中具有较高的饲料报酬，即采食量与日增重之比，肉牛育肥期具有健康的体质很重要。可以在肉牛配合饲料中添加符合要求的一些抗生素、保健剂。育肥牛使用药物后会在体内沉积，因此在屠宰前3～4周时要停止用药，保证休药期，以免影响牛肉品质。表5-3为一些药物的使用方法和剂量，供参考。

表 5-2　常用于牛的疫苗简介

疫苗名称	疫病	接种方法和说明	免疫期
炭疽芽孢氢氧化铝佐剂苗	炭疽	浓芽孢苗，使用时以 1 份浓苗加 9 份 20%氢氧化铝胶稀释剂，充分混匀后即可注射，其用途用法与各种芽孢苗相同，一般使用该苗可减少注射反应	一年
无毒炭疽芽孢苗	炭疽	12 月龄以上，皮下注射 1 毫升；12 月龄以下，皮下注射 0.5 毫升，注射后 14 天产生足够的免疫力	一年
第Ⅰ号炭疽芽孢苗	炭疽	不论大小牛皮下注射 1 毫升，注射后 14 天产生足够的免疫力	一年
气肿疽明矾菌苗	气肿疽	大小牛皮下注射 5 毫升；6 个月以下小牛，在年龄达 6 个月时再注射 1 次	约半年
牛出血性败血症氢氧化铝菌苗	牛出血性败血症	牛 100 千克以下，皮下注射 4 毫升；100 千克以上，皮下注射 6 毫升，注射 21 天后产生免疫力	9 个月
布鲁氏菌猪型二号疫苗	布鲁氏菌病	口服接种：牛和牦牛每头 500 亿个活菌，牛不采用注射法	暂定两年
布鲁氏菌羊型五号疫苗	布鲁氏菌病	可采用皮下注射、气雾免疫和口服等方法，其剂量：牛皮下注射 250 亿个活菌，室内气雾免疫 250 亿个活菌，室外气雾免疫 400 亿个活菌，口服 250 亿个活菌	暂定一年

续表 5-2

疫苗名称	疫病	接种方法和说明	免疫期
破伤风抗毒素	破伤风	供紧急预防或治疗用，皮下或静脉注射，治疗时可重复注射 1 至数次 （抗毒单位 AE）预防剂量：3 岁以上牛 6 000～12 000 国际单位，3 岁以下牛 3 000～6 000 国际单位； 治疗剂量：3 岁以上牛 60 000～300 000 国际单位，3 岁以下牛 50 000～100 000 国际单位	2～3 周
肉毒梭菌（C 型）灭活疫苗	肉毒梭菌中毒症	皮下注射剂量 10 毫升	一年
牛肺疫兔化藏系绵羊化弱毒疫苗	牛传染性胸膜炎	用氢氧化铝胶盐水或生理盐水稀释 100 倍，牛臀部肌肉注射，成年牛 2 毫升，2 岁以下 0.5 毫升	一年
兽用狂犬病 ERA 株弱毒细胞苗	狂犬病	用灭菌蒸馏水或生理盐水稀释，每瓶稀释成 10 毫升，每头牛肌肉或皮下注射 5～10 毫升	一年
O 型口蹄疫 BEI 灭活油佐剂苗	口蹄疫	每头份皮下注射 5～10 毫升，每年换季各注射 1 次	一年

在肉牛育肥过程中使用上述药物添加剂必须进行逐级预混，防止药物中毒，同时严格控制休药期。

表 5-3　药物的使用方法和剂量

药物种类	牛类别	剂量	作用
金霉素	犊牛	25～70 毫克/(头·天)	促生长，防腹泻痢疾
	架子牛	100 毫克/(头·天)	促生长，防腹泻痢疾和腐蹄病
磺胺二甲嘧啶	架子牛	350 毫克/(头·天)	促生长，防呼吸道疾病
新霉素	犊牛	100～140 毫克/(头·天)	促生长，防肠炎痢疾
土霉素	架子牛	8～12 克/(头·天)	促生长，防腹泻痢疾
青霉素	架子牛	7 500 国际单位/(头·天)	防治革兰氏阳性菌的侵袭
黄霉菌素	犊牛	12～23 毫克/(头·天)	提高饲料报酬
	架子牛	25～35 毫克/(头·天)	提高饲料报酬、日增重速度
杆菌肽锌	架子牛	35～70 毫克/(头·天)	提高增重、保健
泰乐菌素	架子牛	8～10 克/吨精饲料	提高增重、保健
赤霉素	架子牛	80 毫克/头，14 天饲喂 1 次	提高饲料报酬、日增重速度

参 考 文 献

［1］ 国家发展改革委，建设部. 建设项目经济评价方法与参数. 3版. 北京：中国计划出版社，2006.
［2］ 滕小华，栾冬梅，滕晓杰，等. 养猪生产投资效益分析. 东北农业大学学报，2005，36(2)：225-229.
［3］ 田茂春. 鸵鸟生产投资效益探讨. 西南农业大学学报，1998，20(3)：267-270.
［4］ 刘芳. 肉牛育肥场环保工程投资效益分析. 家畜生态，2003，24(2)：35-39.
［5］ 许尚忠，何绍钦. 鲁西黄牛生产新技术. 北京：台海出版社，2005.
［6］ 杨效民. 晋南牛养殖技术. 北京：金盾出版社，2004.
［7］ 司俊臣. 山东省畜禽品种志. 深圳：海天出版社，1999.
［8］ 陈幼春. 现代肉牛生产. 北京：中国农业出版社，1999.
［9］ 王根林. 养牛学. 北京：中国农业出版社，2000.
［10］ 邱怀. 微贮饲料的原理与调制方法. 黄牛杂志，1996，22(3)：63-66.
［11］ 邱怀. 增重剂在肉牛生产中的应用. 辽宁畜牧兽医，1996(4)：27-29.
［12］ 蒋国才. 养牛全书. 成都：四川科学技术出版社，1997.
［13］ 胡松庭. 肉牛生产实用技术. 北京：科学普及出版社，1996.
［14］ 夏兆刚，孟庆翔. 提高秸秆饲用价值的方法和途径. 饲料研究，1999(6)：21-24.
［15］ 杨文章，岳文斌. 肉牛养殖综合配套技术. 北京：中国农业出版社，2003.

[16] 魏建英,方占山.肉牛高效饲养管理技术.北京:中国农业出版社,2005.

[17] 初秀.规模化安全养肉牛综合新技术.北京:中国农业出版社,2005.

[18] 蒋洪茂.肉牛高效育肥饲养与管理技术.北京:中国农业出版社,2003.